建筑施工特种作业人员培训教材

建筑焊工

本书编委会　组织编写

中国建筑工业出版社

图书在版编目（CIP）数据

建筑焊工/本书编委会组织编写. —北京：中国建筑
工业出版社，2016.11
建筑施工特种作业人员培训教材
ISBN 978-7-112-19751-4

Ⅰ.①建…　Ⅱ.①本…　Ⅲ.①建筑工程-焊接-技术
培训-教材　Ⅳ.①TU758.11

中国版本图书馆CIP数据核字（2016）第210805号

　　本书是建筑施工特种作业人员培训教材之一，内容包括：焊接基础理
论知识、焊接与切割基础、焊条电弧焊、气体保护焊、埋弧焊、气焊与气
割、电阻焊、特殊作业安全、焊接与切割作业劳动卫生防护和钢结构
焊工。
　　本书是建筑施工特种作业人员考核培训必备教材，也可供相关人员
自学。

　　责任编辑：朱首明　李　明　李　阳　赵云波
　　责任设计：李志立
　　责任校对：王宇枢　焦　乐

建筑施工特种作业人员培训教材
建筑焊工
本书编委会　组织编写
*
中国建筑工业出版社出版、发行（北京西郊百万庄）
各地新华书店、建筑书店经销
北京科地亚盟排版公司制版
北京建筑工业印刷厂印刷
*
开本：850×1168毫米　1/32　印张：7¼　字数：186千字
2016年12月第一版　　2020年6月第二次印刷
定价：**19.00**元
ISBN 978-7-112-19751-4
（29303）

建筑施工特种作业人员培训教材
编审委员会

主　任： 阚咏梅

副主任： 艾伟杰

委　员：（按姓氏笔画排序）

于　亮　王立志　王传利　冯敬毅

刘　怡　孙　石　肖　硕　邹德勇

周友龙　郭　瑞　曹安民

前　言

建筑施工特种作业人员培训教材《建筑焊工》依据国家职业技能标准《焊工》和《建筑焊工安全技术考核大纲（试行）》、《建筑焊工安全操作技能考核标准（试行）》编写。

本书作为建筑施工特种作业人员培训教材，在基础理论上力求做到简洁、易懂、够用。从专业知识上尽量选取有代表性的内容，并依据于最新的国家标准。在焊接安全技术上依据于《焊接与切割安全》GB 9448—1999，并结合各种焊接方法的特点突出其特殊性。劳动卫生防护内容以焊工安全与焊工职业病防护为重点，阐述了焊接工艺过程中有害因素的产生，职业危害和卫生防护措施，职业卫生与健康监护等。同时介绍了《钢结构焊接规范》GB 50661—2011 及其中的钢结构焊工资格证书的取得对于从事某种专业焊接的焊工知识要求和专业技能的获得都有所启示。

本书作为建筑施工特种作业人员培训教材，针对建筑焊工，对焊接安全措施和劳动卫生防护技术作了全面介绍，既可以作为一般焊工的技术培训教材也可作为建筑焊工安全技术培训考核教材。本书依据于焊接方面最新的国家标准，也适用于作为其他行业焊工的参考书和自学用书。本书还可供安全员、安全监理人员及其劳动卫生管理人员学习参考。

本书由郭瑞、刘怡编写，主审周友龙。

目　录

一、基础理论知识

（一）金属学与热处理基本知识

1. 金属的晶体结构

（1）金属晶体结构的一般知识

1）晶体结构

① 晶体与非晶体　在物质内部，凡是原子呈无序堆积状况的称为非晶体，例如普通玻璃、松香等，都属于非晶体。相反，凡是原子作有序、有规则排列的称为晶体。大多数金属和合金都属于晶体。

凡晶体都具有固定的熔点，其性能呈各向异性，而非晶体则没有固定熔点，而且表现为各向同性。

② 晶格与晶胞　晶体内部原子是按一定的几何规律排列的，如图 1-1 所示。为了形象地表示晶体中原子排列的规律，可以将原子简化成一个点，用假想的线将这些点连接起来，就构成了有明显规律性的空间格子。这种表示原子在晶体中排列规律的空间格架叫晶格，如图 1-2 (a) 所示。

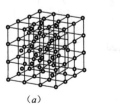

(a)　　　　　　　　(b)

图 1-1　晶体内部原子　　　图 1-2　晶格与晶胞示意
　　　排列示意　　　　　　(a) 晶格；(b) 晶胞

1

由图 1-2（*a*）可见，晶格是由许多形状、大小相同的最小几何单元重复堆积而成的。能够完整地反映晶格特征的最小几何单元称为晶胞，如图 1-2（*b*）所示。

2）三种晶格

① 体心立方晶格　它的晶胞是一个立方体，原子位于立方体的八个顶角上和立方体的中心，如图 1-3 所示。属于这种晶格类型的金属有铬、钒、钨、钼及 α-Fe 等金属。

② 面心立方晶格　它的晶胞也是一个立方体，原子位于立方体八个顶上和立方体六个面的中心，如图 1-4 所示。属于这种晶格类型的金属有铝、铜、铅、镍、γ-Fe 等金属。

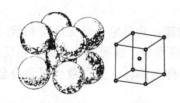 

图 1-3　体心立方晶胞　　　图 1-4　面心立方晶胞

③ 密排六方晶格　它的晶胞是个正六方柱体，原子排列在柱体的每个角顶上和上、下底面的中心，另外三个原子排列在柱体内，如图 1-5 所示。属于这种晶格类型的金属有镁、铍、镉及锌等金属。

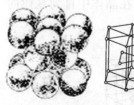

图 1-5　密排六方晶胞

3）金属的结晶及晶粒度对力学性能的影响　金属由液态转变为固态的过程叫结晶。这一过程是原子由不规则排列的液体逐步过渡到原子规则排列的晶体的过程。金属的结晶过程由晶核产生和长大这两个基本过程组成。

在金属的结晶过程中，每个晶核起初都自由地生长，并保持比较规则的外形。但当长大到互相接触时，接触处的生长就停止，只能向尚未凝固的液体部分伸展，直到液体全部凝固。这样，每一颗晶核就形成一颗外形不规则的晶体。这些外形不规则的晶体通常称为晶粒。晶粒的大小对金属的力学性能影响很大。晶粒越细，金属的力学性能越好。相反，若晶粒粗大，力学性能就差。晶粒大小通常分为八级，一级最粗，八级最细。晶粒大小与过冷度有关，过冷度越大，结晶后获得的晶粒就越细。"过冷度"是指理论结晶温度和实际结晶温度之差。

(2) 同素异构转变

1）同素异构转变　有些金属在固态下，存在着两种以上的晶格形式。这类金属在冷却或加热过程中，随着温度的变化，其晶格形式也要发生变化。金属在固态下随温度的改变由一种晶格转变为另一种晶格的现象，称为同素异构转变。具有同素异构转变的金属有铁、钴、钛、锡、锰等。以不同的晶格形式存在的同一金属元素的晶体称为该金属的同素异构晶体。

2）纯铁的同素异构转变　图1-6为纯铁的冷却曲线。由图可见，液态纯铁在1538℃进行结晶，得到具有体心立方晶格的δ-Fe，继续冷却到1394℃时发生同素异构转变，δ-Fe转变为面心立方晶格的γ-Fe，再冷却到912℃时又发生同素异构转变，γ-Fe转变为体心立方晶格的α-Fe，直到室温，晶格的类型不再发生变化。金属的同素异构转变是一个重结晶过程，遵循着结晶的一般规律：有一定的转变温度；转变时需要过冷；有潜热产生，转变过程也是由晶核形成和晶核长大来完成的。但同素异构转变属于固态转变，又有本身的特点：例如转变需要较大的过冷度，晶格的变化伴随着体积的变化，转变时会产生较大的内应力。

2. 合金的组织结构类型及铁碳合金的基本组织

(1) 合金的组织结构类型

合金是一种金属元素与其他金属元素或非金属，通过熔炼或其他方法结合成的具有金属特性的物质。组成合金的最基本

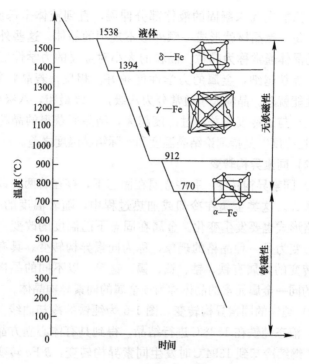

图 1-6　纯铁的冷却曲线

的独立物质称为组元。与组成合金的纯金属相比，合金除具有更好的力学性能外，还可以调整组成元素之间的比例，以获得一系列性能各不相同的合金，而满足生产的要求。

组成合金最基本的独立物质称为组元，简称元。组元可以是金属元素、非金属元素或稳定的化合物。根据合金中组元数目的多少，合金可分为二元合金、三元合金和多元合金。

在合金中具有相同的物理和化学性能并与其他部分以界面分开的一种物质部分称为相。液态相称为液相，固态物质称为固相。在固态相，物质可以是单相的，也可以是多相组成的。由数量、形态、大小和分布方式不同的各种相组成了合金的组织。

1）固溶体　固溶体是合金中一组元溶解其他组元，或组元之间相互溶解而形成的一种均匀固相。在固溶体中保持原子晶格不变的组元叫溶剂，而分布在溶剂中的另一组元叫溶质。根据溶质原子在溶剂晶格中所处位置不同可分为：

① 间隙固溶体　溶质原子分布于溶剂晶格间隙之中而形成的固溶体。由于溶剂晶格的空隙尺寸有限，故能够形成间隙固溶体的溶质原子，其尺寸都比较小。通常原子直径的比值（d 质/d 剂）＜0.59 时，才有可能形成间隙固溶体。间隙固溶体一般都是有限固溶体。

② 置换固溶体　溶质原子置换了溶剂晶格中某些结点位置上的溶剂原子而形成的固溶体，称为置换固溶体。形成这类固溶体的溶质原子其大小必须与溶质原子相近。置换固溶体可以是无限固溶体，也可以是有限固溶体。

在固溶体中溶质原子的溶入而使溶剂晶格发生畸变，这种现象称为固溶强化。它是提高金属材料力学性能的重要途径之一。

2）金属化合物　合金组元间发生相互作用而形成一种具有金属特性的物质称为金属化合物。金属化合物的晶格类型和性能完全不同于任一组元。可用化学分子式来表示。一般特点是熔点高、硬度高、脆性大，因此不宜直接使用。金属化合物存在于合金中一般起强化相作用。

3）混合物　两种或两种以上的相，按一定质量百分数组成的物质称为混合物。混合物中各组成部分，仍保持自己原来的晶格。混合物的性能取决于各组成相的性能以及它们分布的形态、数量和大小。

（2）铁碳合金基本组织

钢铁材料是现代工业中应用最为广泛的合金，它们都是铁和碳两个组元组成的合金。铁碳合金中，碳可以与铁组成化合物，也可以形成固溶体，或形成混合物。

1）铁素体　碳溶解在 α-Fe 中形成的间隙固溶体为铁素体，用符号 F 来表示。由于 α-Fe 是体心立方晶格，晶格间隙较小，

所以碳在 α-Fe 中溶解度较低，在 727℃时 α-Fe 中最大溶碳量仅为 0.0218%，并随温度降低而减少；室温时，碳的溶解度降到 0.008%。由于铁素体含碳量低，所以铁素体的性能与纯铁相似，即具有良好的塑性和韧性，强度和硬度也较低。

2) 奥氏体 碳溶解在 γ-Fe 中所形成的间隙固溶体，称为奥氏体，用符号 A 来表示。由于 γ-Fe 是面心立方晶格，晶格的间隙较大，故奥氏体的溶碳能力较强。在 1148℃溶碳量可达 2.11%，随着温度下降，溶解度逐渐减少，在 727℃时，溶碳量为 0.77%。奥氏体的强度和硬度不高，但具有良好的塑性，是绝大多数钢在高温进行锻造和轧制时所要求的组织。

3) 渗碳体 渗碳体是含碳量为 6.69%的铁与碳的金属化合物。其分子式为 Fe_3C，常用符号 C 表示。渗碳体具有复杂的斜方晶体结构，它与铁和碳的晶体结构完全不同。渗碳体熔点为 1227℃，不发生同素异构转变。渗碳体的硬度很高，塑性很差，是一种硬而脆的组织。在钢中，渗碳体以不同形态和大小的晶体出现于组织中，对钢的力学性能影响很大。

4) 珠光体 珠光体是铁素体和渗碳体的混合物，用符号 P 表示。它是渗碳体和铁素体片层相间、交替排列而成的混合物。在缓慢冷却条件下，珠光体的含碳量为 0.77%。由于珠光体是由硬的渗碳体和软的铁素体组成的混合物，所以其力学性能决定于铁素体和渗碳体的性质和它们各自的特点，大体上是两者的平均值。故珠光体的强度较高，硬度适中，具有一定的塑性。

5) 马氏体 碳在 α-Fe 中的过饱和固溶体称为马氏体。由于溶入过多的碳而使 α-Fe 晶格严重畸变，增加了塑性变形的抗力，从而具有高硬度。马氏体中过饱和的碳越多，硬度就越高。

3. 常用热处理方法的目的及实际应用

钢在固态下加热到一定温度，在这个温度下保持一定时间，然后以一定冷却速度冷却到室温，以获得所希望的组织结构和工艺性能，这种加工方法称为热处理。热处理在机械制造业中占有十分重要的地位。在熔焊过程中焊缝及热影响区金属温度的变化，实际是一种特殊的热处理过程，直接影响着焊接接头的焊接质量。

热处理之所以能使钢的性能发生变化，其根本原因是由于铁有同素异构转变，从而使钢在加热和冷却过程中，其内部组织与结构发生了变化。

根据加热、冷却方法的不同可分为退火、正火、淬火、回火等。

(1) 退火

1）定义　将钢加热到适当温度，并保持一定时间，然后缓慢冷却（一般随炉冷却）的热处理工艺称为退火。

2）目的

① 降低钢的硬度，提高塑性，以利于切削加工及冷变形加工。

② 细化晶粒，均匀钢的组织及成分，改善钢的性能或为以后的热处理作准备。

3）消除钢中的残余内应力，以防止变形和开裂。

4）常用的退火方法有完全退火、球化退火、去应力退火等几种。

① 完全退火　将钢完全奥氏体化，随之缓慢冷却，获得接近平衡状态组织的工艺称为完全退火。它可降低钢的强度，细化晶粒，充分消除内应力。

完全退火主要用于中碳钢及低、中碳合金结构钢的锻件、铸件等。

② 球化退火　为使钢中碳化物呈球状化而进行的退火称为球化退火。它不但可使材料硬度低，便于切削加工，而且在淬火加热时，奥氏体晶粒不易粗大，冷却时工件的变形和开裂倾向小。

球化退火适用于共析钢及过共析钢（含碳量≥0.77%），如碳素工具钢、合金工具钢、轴承钢等。

③ 去应力退火　为了去除由于塑性变形、焊接等原因造成的以及铸件内存在的残余应力而进行的退火称为去应力退火。

工艺是：将钢加热到略低于 A_1 的温度（一般取 $600\sim650℃$），经保温后缓慢冷却。在去应力退火中，钢的组织不发生变化，只是消除内应力。

零件中存在内应力是十分有害的，如不及时消除，将使零件在加工及使用过程中发生变形，影响工件的精度。此外，内应力与外加载荷叠加在一起还会引起材料发生意外的断裂。因此，锻造、铸造、焊接以及切削加工后精度要求高的工件应采用去应力退火，以消除加工过程中产生的内应力。

(2) 正火

1) 定义　将钢材或钢件加热到 Ac_3 或 Ac_1 以上 $30\sim50℃$，保温适当的时间后，在静止的空气中冷却的热处理工艺称为正火。

2) 目的　正火与退火两者的目的基本相同，但正火的冷却速度比退火稍快，故正火钢的组织较细，它的强度、硬度比退火钢高。

正火主要用于普通结构零件，当力学性能要求不太高时可作为最终热处理。

(3) 淬火

1) 定义　将钢件加热到 Ac_3 或 Ac_1 以上某一温度，保持一定时间，然后以适当速度冷却（达到或大于临界冷却速度），以获得马氏体或贝氏体组织的热处理工艺称为淬火。

2) 目的　是把奥氏体化的钢件淬火成马氏体，从而提高钢的硬度、强度和耐磨性。但淬火马氏体不是热处理所要求的最终组织，因此在淬火后，必须配以适当的回火。淬火马氏体在不同的回火温度下，可以获得不同的力学性能，以满足各类工具或零件的使用要求。

(4) 回火

1) 定义　钢件淬火后，再加热到 Ac_1 点以下的某一温度，保温一定时间，然后冷却到室温的热处理工艺称为回火。

淬火处理所获得的淬火马氏体组织很硬、很脆，并存在大量的内应力，而易于突然开裂，因此淬火后必须经回火热处理才能使用。

2）目的

① 减少或消除工件淬火时产生的内应力，防止工件在使用过程中的变形和开裂。

② 通过回火提高钢的韧性，适当调整钢的强度和硬度，使工件达到所要求的力学性能，以满足各种工件的需要。

③ 稳定组织，使工件在使用过程中不发生组织转变，从而保证工件的形状和尺寸不变，保证工件的精度。

（二）燃烧与爆炸

1. 化学知识

掌握一定的化学知识，掌握元素和元素符号的对应关系以及原子和分子组成、结构以及化学反应的基本概念是掌握焊接和燃烧、爆炸理论和了解焊接冶金过程的必备基础。

（1）化学元素符号

1）元素

自然界是由物质构成的，一切物质都在不停地运动着。构成物质的微粒有分子、原子、离子等。有些物质是由分子构成的，有些物质是由原子构成的，还有些物质是由离子构成的。

从宏观的角度看，物质又是由不同的元素组成的。由一种元素单独组成物质时，即以单质形态存在的元素叫做元素的游离态。由多种元素共同组成物质时，即以化合物形态存在的，叫做元素的化合态。

所谓元素是指具有相同核电核数（即质子数）的同一类原子的总称。

从元素和原子的比较中可知，水是一种宏观的物质，因此可以说水是由氢元素和氧元素组成的，而不能说水是由两个氢元素和一个氧元素组成，只能说水分子由两个氢原子和一个氧原子组成。

自然界的物质有上千万种，但组成物质的元素目前只发现了 109 种，其中金属元素 87 种，非金属元素 22 种。

地壳里分布最广的是氧元素，占地壳质量的 48.6%；其次是硅，占 26.3%；以后的顺序是铝、铁、钙、钠、钾、镁、氢；其他元素总共只占 1.2%。

2）元素符号

元素符号与分子式和化学方程式等一样，是用来表示物质的组成及变化的化学用语。

在国际上，各种元素都用不同的符号来表示，表示元素的化学符号叫做元素符号。元素符号通常用元素的拉丁文名称的第一个字母（大写）来表示，如用"C"表示碳元素。如果几种元素的拉丁文名称的第一个字母相同，就在第一个字母后面加上元素名称中另一个字母（小写）以示区别，例如用"Ca"表示钙元素等。元素符号在国际上是通用的。

大多数固态的单质也常用元素符号来表示。例如 C、Si、Ca、Fe 依次分别表示碳、硅、钙、铁的单质。

(2) 原子结构

元素是物质组成中，具有相同核电荷的一类原子的总称。而作为构成物质的一种微粒的原子是体现某种元素性质的最小微粒。

1）原子组成

原子是化学变化中最小的微粒，在化学反应中分子可以分为原子，而原子不能再分，即在化学变化中不会产生新的原子。

原子是由居于中心的带正电的原子核和核外带负电的电子构成的。由于在原子中，原子核所带的正电荷和核外电子所带的负电荷的数量相等，所以原子呈中性；一旦这两者的数量不等原子就成为离子。

原子是在不停地运动着，原子间有一定的间隔，把 1 亿个氧原子排成一行，它的长度只有 10mm 多。如今利用电子显微镜，人们能直接看到原子。

① 原子核

原子核由质子和中子两种微粒组成。原子很小，但原子核更小，它的半径只有原子半径的万分之一左右。因此原子里有很大的空间，电子就在这个空间里作高速运动。

原子的质量主要集中在原子核上，原子核由质子和中子组成，原子核带正电荷，其核电荷数等于核内质子数。

质子是构成原子的一种基本粒子，和中子一起构成原子核。

质子带一个单位正电荷，电量为 1.602×10^{-19} C，和电子的电量相等，但电性相反，质子的质量为 1.6726×10^{-27} kg。氢的原子核就是一个质子。

中子也是构成原子的一种基本微粒，和质子一起构成原子核。

中子是不显电性的中性粒子，它的质量为 1.6749^{-27} kg，与质子的质量相似，略大一些。因为电子的质量很小，约为氢原子质量的 1/1840，所以原子的质量主要集中在原子核上。而且原子的相对原子质量约等于原子核内质子和中子数之和，例如氧原子的原子核内有 8 个中子和 8 个质子，氧的相对原子质量为 16。

将原子核内所有的质子和中子的相对质量取近似整数值相加，所得的数值叫做原子的质量数，用符号 A 表示，中子数用 N 表示，质子数用 Z 表示，则：

$$质量数（A）＝质子数（Z）＋中子数（N）$$

质量数和核电荷数是表示原子核的两个基本量。通常表示原子核的方法是在元素符号的左上角标出它们的质量数，在左下角标出它们的核电荷数。如 $^{12}_{6}C$、$^{1}_{1}H$。

同位素是原子核里具有相同的质量数和不同的中子数的同种元素的原子，互称为同位素。

具有相同核电荷数（即质子数）的同一类原子叫做元素，也就是说，同种元素的原子的质子数是相同的。研究证明，同种元素的中子数不一定相同。例如，氢元素的原子都含有一个质子，但是有的氢原子不含中子，有的氢原子含有一个中子（叫重氢），还有的氢原子含有两个中子（叫超重氢），重氢和超重氢都是氢的同位素。重氢和超重氢是制造氢弹的材料。

同一元素的各种同位素虽然质量数不同，但它们的化学性质几乎完全相同。另外某些同位素的原子核可以衰变，这样的同位素叫做放射性同位素。

在目前所知的元素中只有 20 种元素在自然界未发现有稳定的同位素，大多数元素在自然界里是由各种同位素组成的。

② 电子

电子是构成原子的一种基本微粒，和原子核一起构成原子。

电子带负电，它的电量是 $1.602×10^{-19}$ C，是电量的最小单位，1 个单位的电荷叫做电子电荷。电子的质量是 $9.110×10^{-31}$ kg，约为氢原子质量的 1/1840，电子的定向运动就形成电流。电子绕原子核作高速运动（接近光速），其运动的规律与宏观物体的运动规律不同，不能把电子在原子核周围的运动看做是简单的机械运动。

2）原子核外电子排布

电子是一种微观粒子，在原子这样小的空间（直径约 10^{-10} m）内作高速运动，电子运动没有确定的轨道，只能指出它在原子核外空间某处出现的机会多少。

在含有多个电子的原子里，电子的能量并不相同，能量低的通常在离核近的区域运动，能量高的通常在离核远的区域运动。为了便于说明问题，通常就用电子层来表明运动着的电子离核远近的不同。所谓电子层就是指根据电子能量的差异和通常运动区域离原子核的远近不同，将核外电子分成不同的电子层。每个电子层容纳的电子数是一定的，而最外层一般可容纳 8 个电子。金属原子最外层电子数少于 4 个，金属原子失去了最外层电子就变为了带有正电荷的金属离子。非金属原子最外层电子数多于 4 个，非金属原子可以俘获电子成为带有负电荷的负离子。

3）离子

带有电荷的原子（或原子团）叫做离子。

原子在外界条件作用下，可以变为离子。带有正电荷的离子叫阳离子，例如钠离子（Na^+）和氨根离子（NH_4^+）。带负电荷的离子叫阴离子，例如氯离子（Cl^-）和硝酸根离子（NO_3^-）等。离子所带电荷数决定于原子得到或失去电子的数目。原子失去几个电子，就带几个正电荷，得到几个电子，就带几个负电荷。

离子与原子的区别在于：

① 离子是带电性的，而原子是中性的。

② 离子的核内质子数与核外电子数是不相等的，而原子是相等的。

③ 在性质上，钠原子以金属钠为例，它是银白色的金属，化学性质活泼，是强还原剂，而钠离子是无色的（在食盐水中即有钠离子存在），化学性质稳定。

（3）分子的形成

1）分子

分子是构成物质的一种微粒，也是保持物质化学性质的一种微粒。

分子很小，但总是不停地运动着，分子间有一定的间隔，同种物质的分子其化学性质相同，不同物质的分子其化学性质不同。有机化合物一般都是分子构成，部分无机物也由分子构成。

2）分子式

分子式是用元素符号来表示物质分子组成的式子。

一种分子只有一个分子式，分子有单质和化合物之分。

氢气、氧气、氯气等单质（由同种元素组成的物质）的一个分子里有两个原子，它们的分子式分别为 H_2、O_2、Cl_2，氦、氖、氩等惰性气体的分子是由单原子组成的，因此它们的元素符号就是分子式，写成 He、Ne、Ar。许多固态单质由于组成较复杂，为了书写和记忆方便，通常也用元素符号表示其分子式，如硫、磷、碳、铁等，分子式可以写作 S、P、C、Fe。

化合物是由不同种元素组成的物质，因此书写化合物分子式时，先写出组成化合物的元素的符号，然后在各元素符号的右下角用数字标出分子中所含该元素的原子数。如水的分子式为 H_2O，二氧化碳的分子式是 CO_2，氧化铝的分子式是 Al_2O_3。

分子式的含义是：

① 表示一种物质。

② 表示该物质的一个分子。

③ 表示组成该物质的组成元素。

④ 表示物质的一个分子中各种元素的原子个数。

⑤ 表示该物质的相对分子质量。

（4）化学方程式

1）化学方程式

用分子式来表示化学反应的式子叫做化学方程式。

化学方程式用来表示什么物质参加反应，反应结果生成什么物质。化学方程式还可以表示反应物和生成物各物质的质量比。

2）化学方程式的配平

所谓化学方程式的配平，就是指在反应物和生成物分子式前面配上适当系数，使式子两边各原子的个数相等。

例如在高温下一氧化碳还原氧化铁的反应：

$$Fe_2O_3 + CO \Longrightarrow 2Fe + 3CO_2 \uparrow$$

（5）化学反应

化学反应的种类和形式很多，这里举常用的化学反应。

1）氧化反应

物质跟氧发生的化学反应叫氧化反应。如物质在氧气中燃烧，金属在氧气中锈蚀等。例如：

$$C + O_2 === CO_2 \uparrow$$
$$2Fe + O_2 === 2FeO$$

进一步的研究可知，物质发生氧化反应时组成该物质所含元素失去电子。因而有些没有氧气或氧元素参加的反应，只要该物质中某些元素在反应中失去电子，该物质发生的反应也叫氧化反应。例如钠在氯气中燃烧。

2）还原反应

还原反应是含氧化合物里的氧被夺去而还原的反应。例如：

$$FeO + C === Fe + CO \uparrow$$
$$FeO + Mn === Fe + MnO$$

3）氧化—还原反应

氧化—还原反应是一种物质被氧化，另一种物质被还原的反应。氧化和还原反应必然同时发生。例如：

$$CuO + H_2 === Cu + H_2O$$

CuO 失去氧是发生还原反应；而 H_2 在反应中跟氧结合成水是发生氧化反应。氧化和还原反应必然同时发生。氧化—还原反应的实质是电子的转移（电子得失或电子的偏移）：原子或离子失电子的过程叫做氧化；原子或离子得电子的过程叫做还原。

在氧化—还原反应中：氧化、还原；氧化剂、还原剂；氧化性、还原性等概念具有如下关系：

非金属原子（或金属阳离子）→得电子→被还原→该物质是氧化剂→具有氧化性；

金属原子（或非金属阴离子）→失电子→被氧化→该物质是还原剂→具有还原性。

4）分解反应

分解反应是由一种物质生成两种或两种以上物质的反应。

例如：高温下，大理石、铁锈、二氧化碳都会发生分解。

$$CaCO_3 == CaO + CO_2$$
$$2Fe(OH)_3 == Fe_2O_3 + 3H_2O$$
$$2CO_2 == 2CO + O_2$$

5）中和反应

中和反应是酸和碱作用生成盐和水的反应。例如：

$$NaOH + HCl == NaCl + H_2O$$
$$2KOH + H_2SO_4 == K_2SO_4 + 2H_2O$$

中和反应的实质是酸中的氢离子跟碱中的氢氧根离子结合成水的反应。

2. 火灾与防火基础知识

（1）燃烧与火灾

1）燃烧现象

燃烧是一种同时放热发光的氧化反应，例如氢气在氧气中燃烧生成水同时放出热量。

$$2H_2 + O_2 == 2H_2O + Q \quad （Q为热量）$$

凡是可使被氧化物质失去电子的反应都属于氧化反应。以氯和氢的化合为例，其反应式如下：

$$H_2 + Cl_2 == 2HCl + Q$$

氯从氢中取得一个电子，因此氯在这种情况下即为氧化剂。这就是说，氢被氯所氧化并放出热量并呈现出火焰，此时虽然没有氧气参与反应，但发生了燃烧。又如铁能在硫中燃烧，铜能在氯中燃烧等。然而物质和空气中的氧所起的反应是最普遍的，是火灾和爆炸的主要条件。

2）氧化与燃烧

物质的氧化反应现象是普遍存在着的，由于反应的速度不同，可以体现为一般的氧化现象和燃烧现象。当氧化反应速度比较慢时，例如油脂或煤堆在空气中缓慢与氧的化合，铁的氧化生锈等是属于氧化现象；如果是剧烈的氧化反应，放出光和热，即是燃烧。例如油脂在锅里的燃烧、赤热的铁块在纯氧中剧烈的氧化燃烧等。这就是说，氧化和燃烧都是同一种化学反应，只是反应的速度和发生的物理现象（热和光）不同。在生产和日常生活中发生的燃烧现象，大都是可燃物质与空气中氧的化合反应，也有的是分解反应。

简单的可燃物质燃烧时，只是该元素与氧的化合，例如碳和硫的燃烧反应。其反应式为：

$$C + O_2 \rightleftharpoons CO_2 + Q$$
$$S + O_2 \rightleftharpoons SO_2 + Q$$

复杂物质的燃烧，先是物质受热分解，然后发生化合反应，例如丙烷和乙炔的燃烧反应：

$$C_3H_8 + 5O_2 \rightleftharpoons 3CO_2 + 4H_2O + Q$$
$$2C_2H_2 + 5O_2 \rightleftharpoons 4CO_2 + 2H_2O + Q$$

而含氧的炸药燃烧时，则是一个复杂的分解反应，例如硝化甘油的燃烧反应。

3）火灾

我国将工伤事故分为20类，火灾属于第8类。在生产过程中，凡是超出有效范围的燃烧都称为火灾。例如气焊时喷溅的火星将周围的可燃物（油棉丝、汽油等）引燃，进而烧毁设备和建筑物、烧伤人员等，这就超出了气焊的有效范围，构成了火灾。

4）火灾的分类

根据《火灾分类》GB 4986—2008按照物质燃烧的特征，可把火灾分为六类。

A类火灾：指固定物质火灾。这种物质往往具有有机物的性质，一般在燃烧时能产生灼热的余烬，如木材、棉、毛、麻、纸张火灾等。

B类火灾：指液体火灾和可熔化的固体物质火灾。如汽油、煤油、柴油原油、甲醇、乙醇、沥青、石蜡火灾等。

C类火灾：指气体火灾，如煤气、天然气、甲烷、乙烷、丙烷、氢气火灾等。

D类火灾：指金属火灾，如钾、钠、镁、钛、锆、锂、铝镁合金火灾等。

E类火灾：带电火灾。物体带电燃烧的火灾。

F类火灾：烹饪器具内的烹饪物（如动、植物油脂）火灾。

（2）燃烧的类型

1）闪燃与闪点

可燃液体的温度越高，蒸发出的蒸气亦越多。当温度不高时，液面上少量的可燃蒸气与空气混合后，遇着火源而发生一闪即灭（延续时间少于5s）的燃烧现象称为闪燃。除了可燃液体以外，某些能蒸发出蒸气的固体，如石蜡、樟脑、苯等，其表面上所产生的蒸气达到一定的浓度，与空气混合若与明火接触也能出现闪燃。

可燃液体蒸发出的蒸气与空气构成的混合物，在与火源接触时发生闪燃的最低温度，称为该液体的闪点。闪点越低，则火灾爆炸危险性越大。如乙醚的闪点为－45℃，煤油为28～45℃，说明乙醚不仅比煤油的火灾危险性大，而且还表明乙醚具有低温火灾危险性。常见液体的闪点见表1-1。

常见液体的闪点   表 1-1

物质名称	闪点（℃）	物质名称	闪点（℃）	物质名称	闪点（℃）
甲醇	7	苯	－14	醋酸丁酯	13
乙醇	11	甲苯	4	醋酸戊酯	25
乙二醇	112	氯苯	25	二硫化碳	－45
丁醇	35	石油	－21	二氯乙烷	8
戊醇	46	松节油	32	二乙胺	26
乙醚	－45	醋酸	40	飞机汽油	－44
丙酮	－20	醋酸乙酯	1	煤油	18
		甘油	100		

闪燃是可燃液体发生着火的前奏，从消防观点来说，闪燃就是危险的警告。因此，为了预防焊补可燃液体储罐和管道时

发生火灾和爆炸，闪燃现象是必须掌握的一种燃烧类型。

2）着火与着火点

着火就是可燃物质与火源接触而能燃烧，并且在火源移去后仍能保持继续燃烧的现象。可燃物质发生着火的最低温度称为着火点或燃点，例如木材的着火点为 295℃，纸张为 130℃等。常见固体的着火点见表 1-2。

常见固体的着火点　　　　　　　表 1-2

物质名称	燃点（℃）	物质名称	燃点（℃）
苯	83	聚苯乙烯	400
樟脑	70	硝酸纤维	180
松香	216	醋酸纤维	320
硫磺	255	黏胶纤维	235
红磷	160	锦纶—6	395
三硫化磷	92	锦纶—66	415
五硫化磷	300	涤纶	300～415
重氮氨基苯	150	二亚硝基间苯二酚	260
聚乙烯	400	有机玻璃	158～260
聚丙烯	270	石蜡	195

可燃液体的闪点与燃点的区别是，在燃点时燃烧的不仅是蒸气，而且是液体（即液体已达到燃烧温度，可提供保持稳定燃烧的蒸气）。此外，在闪点时移去火源后闪燃即熄灭，而燃点时则能继续燃烧。控制可燃物质的温度在着火点以下是预防焊接发生火灾的措施之一。

3）自燃与自燃点

① 可燃物受热升温而不需要明火作用就自行燃烧的现象称为自燃。引起自燃的最低温度称为自燃点，例如黄蜡的自燃点为 30℃，煤的自燃点为 320℃。自燃点越低，则火灾爆炸危险性越大。某些气体及液体的自燃点见表 1-3。

化合物	分子式	自燃点（℃）	
		空气中	氧气中
氢气	H_2	572	560
一氧化碳	CO	609	588
氨气	NH_3	651	—
二硫化碳	CS_2	120	107
硫化氢	H_2S	292	220
氢氰酸	HCN	538	—
甲烷	CH_4	632	556
乙烷	C_2H_6	472	—
丙烷	C_3H_8	493	468
丁烷	C_4H_{10}	408	283
乙烯	C_2H_4	490	485
丙烯	C_3H_6	458	—
丁烯	C_4H_8	443	—
乙炔	C_2H_2	305	296
苯	C_6H_6	580	566
甲醇	CH_4O	470	461
乙醇	C_2H_6O	392	—
乙醚	$C_4H_{10}O$	193	182
丙酮	C_3H_6O	561	485
甘油	$C_3H_8O_3$	—	320
石脑油		277	—

② 自燃的分类。可燃物质由于外界加热，温度升高至自燃点而发生自行燃烧的现象，称为受热自燃，例如焊补管道时，由于热传导使管道保温材料受热自燃。可燃物质由于本身的化学反应、物理或生物作用等所产生的热量，使温度升高至自燃点而发生自行燃烧的现象，成为称为自热自燃。例如沾有油脂的扳手与气焊氧气瓶阀接触，由于油脂的剧烈氧化反应，发生油脂的自燃，并能引起氧气减压器的着火，甚至能造成氧气瓶的着火爆炸，所以安全规程规定，严禁油脂与纯氧接触。

(3) 防火技术的基本理论

1) 燃烧的条件

燃烧是有条件的，它必须在可燃物质、氧化剂和火源这三个基本条件的同时存在并且相互作用下才能发生。发生燃烧的条件必须是可燃物质和助燃物质共同存在，并构成一个燃烧系统，同时要有导致着火的火源。

① 可燃物质。物质按燃烧的难易可分为可燃物质、难燃物质和不可燃物质三类。可燃物质是指在火源作用下能被点燃，并且当火源移去后能维持继续燃烧，直至燃尽；难燃物质在火源作用下能被点燃并阴燃，当火源移去后不能维持继续燃烧；不可燃物质在正常情况下不会被点燃。可燃物质是防爆与防火的主要研究对象。

凡是能与空气和其他氧化剂发生剧烈氧化反应的物质，都称为可燃物质。它的种类繁多，按其状态不同可分为气态、液态和固态三类；按其组成可分为无机可燃物质和有机可燃物质两类。

② 助燃物质——氧化剂。凡是具有较强的氧化性能，能与可燃物质发生化学反应并引起燃烧的物质称为氧化剂，例如空气、氧气、氯气、氟和溴等。

③ 着火源。具有一定温度和热量的能源，或者说能引起可燃物质着火的能源称为着火源。常见的着火源有焊接过程中熔渣、铁水和火花飞溅、火焰、电火花、电弧和炽热的焊件等。

2) 防火技术基本理论

防火技术的基本理论就是要采取措施，防止燃烧的三个基本条件同时存在或者避免它们的相互作用。全部防火技术措施的实质即是防止燃烧基本条件的同时存在或避免它们的相互作用。

3. 爆炸与防爆基本知识

(1) 爆炸及其分类

爆炸是物质在瞬间以机械功的形式释放出大量气体和能量

的现象。其主要特征是压力的急剧升高。"瞬间"是指爆炸发生于极短的时间（1s以内）。例如气焊乙炔罐里乙炔与氧气混合发生爆炸时，大约是在0.01s完成下列化学反应的：

$$2C_2H_2 + 5O_2 \Longrightarrow 4CO_2 + 2H_2O + Q$$

同时释放出大量热能和二氧化碳、水蒸气等气体，能使罐内压力升高10～13倍，其爆炸威力可以使罐体升空20～30m。

爆炸可分为物理性爆炸和化学性爆炸。

1）物理性爆炸。这是由物理变化（温度、体积和压力等因素）引起的。在物理性爆炸的前后，爆炸物质的性质及化学成分均不改变。如氧气瓶受热升温，引起气体压力增高，当压力超过钢瓶的极限强度时即发生爆炸。

2）化学性爆炸。这是物质在极短时间内完成化学变化，形成其他物质，同时产生大量气体和能量的现象，如上述乙炔罐的爆炸。化学反应的高速度，同时产生大量气体和大量热量，这是化学性爆炸的三个基本要素。

(2) 化学性爆炸物质

依照爆炸时所进行的化学变化，化学性爆炸可分为以下几类：

1）简单分解的爆炸物。这类物质在爆炸时分解为元素，并在分解过程中产生热量。属于这一类的有乙炔银、乙炔铜、碘化氮、迭氮铅等。这类容易分解的不稳定物质，其爆炸危险性是很大的，当它们受摩擦、撞击甚至轻微撞击时即可能发生爆炸。如乙炔铜受摩擦撞击时的分解爆炸：

$Cu_2C_2 \longrightarrow 2Cu + 2C + Q$。所以安全规程规定与乙炔接触的工具如焊割炬等的含铜量不得超过70%。

2）复杂分解的爆炸物。这类物质包括各种含氧炸药，其危险性较简单分解的爆炸物稍低。含氧炸药在发生爆炸时伴有燃烧反应，燃烧所需的氧由物质本身分解供给，如苦味酸、TNT、硝化棉等都属于此类。

3）可燃性混合物。所有可燃气体、蒸气和可燃粉尘与空气组成的混合物均属此类。这类爆炸实际上是在火源作用下的一种瞬间燃烧反应。通常称可燃性混合物为有爆炸危险的物质，它们只在适合的条件下，才变成危险的物质。工业生产中遇到的主要是这类爆炸事故。

(3) 爆炸极限

1）可燃物质（可燃气体、蒸气或粉末）与空气（或氧气）必须在一定浓度范围内均匀混合，形成预混气，遇着火源才会发生爆炸。这个浓度范围称为爆炸极限（或爆炸浓度极限），见表1-4。

常见可燃气体和蒸气的爆炸极限　　　　表1-4

物质名称	爆炸极限（%）		化学计量浓度（%）
	下限	上限	
甲烷	5.0	15.0	9.5
乙烷	3.0	12.5	5.6
丙烷	2.1	9.5	4.0
丁烷	1.5	8.5	3.1
戊烷	1.4	8.0	2.5
己烷	1.2	7.5	2.2
乙烯	2.75	34.0	6.5
丙烯	2.0	11.0	4.5
乙炔	2.5	82.0	7.7
甲醇	5.5	36.5	12.2
乙醇	3.3	18.0	6.5
乙醚	1.85	48.0	3.36
丙酮	2.0	13.0	5.0
苯	1.5	9.5	2.7
甲苯	1.5	7.0	2.26

2）可燃物质的爆炸极限受诸多因素的影响。可燃气体的爆炸极限受温度、压力、氧含量、着火源的能量等影响，可燃性混合物的初始温度越高，初始压力越大，氧含量越高，着火源能量越强，爆炸极限范围变宽。

3）可燃性混合物的爆炸极限范围越宽、爆炸下限越小、爆炸上限越高其爆炸危险性越大。爆炸下限越低，少量可燃物（如可燃气体稍有泄漏）就会形成爆炸条件。爆炸上限越高，则有少量空气渗入容器就会与可燃气体混合形成爆炸条件。应当指出可燃性混合物的浓度高于爆炸上限时，虽然不会着火和爆炸，但当它从容器或管道里逸出，重新接触空气时却能燃烧，仍有发生着火的危险。

4）爆炸极限的应用。

① 划分可燃物质的爆炸危险程度，从而尽可能用爆炸危险性小的物质代替爆炸危险性大的物质。例如乙炔的爆炸极限为2.2%～81%；液化石油气组分的爆炸极限分别为丙烷2.17%～9.5%、丁烷1.15%～8.4%、丁烯1.7%～9.6%等。它们的爆炸极限范围比乙炔小得多。说明液化石油气的爆炸危险性比乙炔小，因而在气割时推广用液化石油气代替乙炔。

② 爆炸极限可作为评定和划分可燃危险物质危险等级的标准，如可燃气体按下限（<10%或≥10%）分为一、二两级。

③ 根据爆炸极限选择防爆电机和防爆电器。例如生产或储存爆炸下限≥10%的可燃气体，可选用任一防爆型电器设备；爆炸下限<10%的可燃气体，应选用隔爆型电器设备。

④ 确定建筑物的耐火等级、层数和面积等。例如生产爆炸下限小于10%的可燃物质，厂房建筑最高层次限一层，并且必须是一、二级耐火等级。

⑤ 在确定安全操作规程以及研究采取各种防爆技术措施——通风、检测、置换、检修等时，也都必须根据可燃气体或液体的爆炸危险性的不同，采取相应的有效措施，以确保安全。

（4）防爆技术基本理论

1）可燃物质化学性爆炸的条件

可燃物质的化学性爆炸必须同时具备下列三个条件才能发生：

① 存在着可燃物质，包括可燃气体、蒸气或粉末。

② 可燃物质与空气（或氧气）混合并达到爆炸极限，形成爆炸性混合物。

③ 爆炸性混合物在火源作用下。

2）燃烧和化学性爆炸的关系

① 燃烧和化学性爆炸就其本质来说是相同的，都是可燃物质的氧化反应。它们的主要区别在于氧化反应的速度不同。可燃物质的化学性爆炸是一种瞬间燃烧。

② 燃烧和化学性爆炸两者可随条件而相互转化。同一物质在一种条件下可以燃烧，在另一种条件下可以爆炸。例如煤块只能缓慢燃烧，如果将它磨成煤粉，在与空气混合后就可能发生粉尘爆炸，这也说明了燃烧和化学性爆炸在实质上是相同的。因此这类事故有时可以是先着火而后转为爆炸；有时可以是先爆炸而后转为着火。

3）防爆技术基本理论

防止产生化学性爆炸的三个基本条件的同时存在，是预防可燃物质化学性爆炸的基本理论。也可以说，焊接过程中采取的防止可燃物质化学性爆炸全部技术措施的实质，就是制止化学性爆炸三个基本条件的同时存在。

4. 焊接与切割防火与防爆

（1）焊割作业发生火灾爆炸事故的原因及防范措施

1）火灾爆炸事故的一般原因

焊割作业过程中发生的火灾或爆炸事故主要是由于操作失误、设备的缺陷、环境和物料的不安全状态、管理不善等引起的。因此，火灾和爆炸事故的主要原因基本上可以从人、设备、环境、物料和管理等方面加以分析。

① 人的因素。对焊割作业发生的大量火灾与爆炸事故的调查和分析表明，有不少事故是由于操作者缺乏有关的科学知识、对火灾与爆炸的危险存在侥幸心理、违章作业引起的。

② 设备的原因。不了解设备使用要求、违规操作。焊割设

备不符合要求，缺乏必要的安全防护装置。制造工艺的缺陷，设计错误，不符合防火或防爆的要求。维修保养不善等。

③ 物料的原因。保管使用不善。如乙炔瓶、氧气瓶在运输装卸时受剧烈震动、撞击或暴晒。可燃物质的自燃；各种危险物品的泄露及相互作用等。

④ 环境的原因。例如焊割作业现场杂乱无章，在电弧或火焰附近以及登高焊割作业点下方或附近存在可燃易爆物品。遇到高温、通风不良、雷击等。

⑤ 管理的原因。规章制度不健全；没有合理的安全操作规程；没有设备的计划检修制度；焊割设备和工具年久失修；生产管理人员不重视安全，不重视宣传教育和安全培训等。

2）防火技术的基本理论及火灾防范措施

防火技术的基本理论如上节所述：燃烧必须是可燃物、助燃物和着火源这三个基本条件相互作用才能发生。据此采取措施，防止燃烧三个基本条件的同时存在或者避免它们的相互作用。这是防火技术的基本理论。例如在汽油库里或操作乙炔发生器时，由于有空气和可燃物（汽油或乙炔）存在，所以规定必须严禁烟火，这就是防止燃烧的条件之一——火源存在的一种措施。又如，安全规则规定气焊操作点（火焰）与乙炔发生器之间的距离必须在 10m 以上，乙炔发生器与氧气瓶之间的距离必须在 5m 以上，电石库距明火、散发火花的地点必须在 30m 以上等。采取这些防火技术措施是为了避免燃烧三个基本条件的相互作用。

防火的基本技术措施：

① 消除火源。研究和分析燃烧的条件可知，防火的基本原则主要应建立在消除火源的基础之上。人们不管是在何处，都经常处在或多或少的各种可燃物质包围之中，而这些物质又存在于人们生活所必不可少的空气中。这就是说，具备了引起火灾燃烧的三个基本条件中的两个条件。结论很简单：消除火源。只有这样，才能在绝大多数情况下满足预防火灾和爆炸的基本

要求。火灾原因调查实际就是要查出是哪种着火源引起的火灾。

火源的种类有：电能转换为火源（电火花、电弧、静电放电、短路、雷击、手机等）；机械能转化为火源（摩擦、撞击、绝热压缩等）；化学能转化为火源（自热自燃、化学反应热、各种明火等）；热表面（烟筒、暖气片、炽热物体等）；光能（日光照射等）。

消除着火源的措施很多，如在电石库及其他防爆车间安装防爆灯具，在操作乙炔瓶或乙炔发生器时禁止烟火，又如接地、避雷、防静电、隔离和控温等。

② 控制可燃物。防止燃烧三个基本条件中的任何一条，都可防止火灾的发生。如果采取消除燃烧条件中的两条，就更具安全可靠性。例如在电石库防火条例中，通常采取防止火源和防止产生可燃物乙炔的各种有关措施。

控制可燃物的措施主要有：防止可燃物质的跑、冒、滴、漏，如防止乙炔瓶、乙炔发生器、液化石油气瓶、乙炔管道漏气；对于那些相互作用能产生可燃气体或蒸气的物品应加以隔离，分开存放。例如电石与水接触会相互作用产生乙炔气，所以必须采取防潮措施，禁止自来水管道、热水管道通过电石库。在生活中和生产的可能条件下，以难燃和不燃材料代替可燃材料，如用水泥代替木材建筑房屋；降低可燃物质（可燃气体、蒸气和粉尘）在空气中的浓度，如化工和燃料设备管道置换焊补，用惰性介质（N_2、CO_2 等）吹扫可燃气体或蒸气。又如在车间或库房采取全面通风或局部排风，使可燃物不易积聚，从而不会超过最高允许浓度等等。

③ 隔绝空气。在必要时可以使生产活动在真空条件下进行，或在设备容器中充装惰性介质保护。例如，乙炔发生器在加料后，应采取惰性介质氮气吹扫发气室；也可将可燃物隔绝空气贮存，如钠存于煤油中，磷存于水中、二硫化碳用水封存放等等。

④ 防止形成新的燃烧条件，阻止火灾范围的扩大。设置阻火装置，如在乙炔发生器上设置水封回火防止器，或水下气割

时在割炬与胶管之间设置阻火器，一旦发生回火，可阻止火焰进入乙炔罐内，或阻止火焰在管道里蔓延；在车间或仓库里筑防火墙，安防火门，或在建筑物之间留防火间距，一旦发生火灾，使之不能形成新的燃烧条件，从而防止扩大火灾范围。

综上所述，一切防火技术措施都包括两个方面：一是防止燃烧基本条件的产生，二是避免燃烧基本条件的相互作用。

⑤ 建立完善的火灾自动报警系统。其中的火灾报警器利用火灾初起阶段的特征实现预警。

3）防爆技术基本理论与基本技术措施

如前所述，可燃物质（可燃气体、蒸气和粉尘）发生爆炸需同时具备下列三个基本条件：

① 存在着可燃物质，包括可燃气体、蒸气或粉尘。

② 可燃物质与空气（或氧气）混合并且在爆炸极限范围内，形成爆炸性混合物。

③ 爆炸性混合物在火源作用下。对于每一种爆炸性混合物，都有一个能引起爆炸的最小点火能量，低于该能量，混合物就不会爆炸。例如，氢气的最小点火能量为 0.017MJ，乙炔为 0.019MJ，丙烷为 0.305MJ 等。

防止可燃物质爆炸的三个基本条件同时存在，是防爆技术基本理论的核心。防止可燃物质爆炸的技术措施的实质，就是防止爆炸三个基本条件的同时存在。

在焊割作业过程中，接触多种可燃气体、蒸气和粉尘，操作过程随作业种类各有特点，因此需要根据不同的情况采取各种相应的防护措施。但总体来说，预防爆炸的措施都是在防爆技术基本理论指导下采取的。

焊割作业防爆基本技术措施

① 预防形成爆炸性混合物

防止泄漏。即防止可燃气体、易燃可挥发液体的跑冒滴漏；降低可燃性粉尘的浓度到爆炸极限以下；正压操作，防止空气进入容器和燃气管道系统；通风换气，及时排出车间或库房的可燃物；管道、气瓶、胶管的色标，如规定气焊与气割的乙炔胶管为红色，氧气胶管为蓝色；氧气瓶外表涂天蓝色，乙炔瓶涂白色，液化石油气瓶涂银灰色等；惰性介质保护；其他如安全检测及连锁（多位阀）、置换动火等。

② 消除火源（同防火技术措施）。

③ 削弱爆炸威力的升级。如在乙炔发生器的罐体安装爆破片（防爆膜），还有抑爆装置等。

④ 安装防爆安全装置。总的来说包括阻火装置（水封式回火防止器、干式阻火器等）；泄压装置（安全阀、爆破片）；指示装置（压力表、温度计、水位计），抑爆装置等。

⑤ 使用检测环境中可燃气体或粉尘浓度的测爆仪进行监测。

各种焊割工艺的防爆具体技术措施，在后面有关章节进行讨论。

(2) 火灾爆炸事故紧急处理方法

1）扑救初起火灾和爆炸事故的安全原则

① 及时报警、积极主动扑救。焊割作业地点及其他任何场所一旦发生着火或爆炸事故，都要立即报警。在场的作业人员不应惊慌，而应沉着冷静，利用事故现场的有利条件（如灭火器材、干沙、水池等）积极主动地投入扑救工作，消防队到达后，亦应在统一指挥下协助和配合。

② 救人重于救火的原则。火灾爆炸现场如果有人被围困时，首要的任务就是把被围困的人员抢救出来。

③ 疏散物质、拆除与火源毗连的易燃建筑物，形成阻止火势蔓延的空间地带。将受到火势威胁的物质疏散到安全地带，以阻止火势的蔓延，减少损失。抢救顺序是，先贵重物质后一般物质。

④ 扑救工作应有组织地有序进行，并且应特别注意安全，防止人员伤亡。

2）电气火灾的紧急处理

焊割作业场所发生电气火灾时的紧急处理方法主要有：

① 禁止无关人员进入着火现场，以免发生触电伤亡事故。特别是对于有电线落地、已形成了跨步电压或接触电压的场所，一定要划分出危险区域，并有明显的标志和专人看管，以防误入而伤人。

② 迅速切断焊割设备和其他设备的电源，保证灭火的顺利进行。其具体方法是：通过各种开关来切断电源，但关掉各种电气设备和拉闸的动作要快，以免拉闸过程中产生的电弧伤人；通知电工剪断电线来切断电源，对于架空线，应在电源来的方向断电。

③ 正确选用灭火剂进行扑救。扑救电气火灾的灭火剂通常有干粉、卤代烷、二氧化碳等，在喷射过程中要注意保持适当距离。

④ 采取安全措施，带电进行灭火。用室内消火栓灭火是常用的重要手段。为此要采取安全措施，即扑救者要穿戴绝缘手套、胶靴，在水枪喷嘴处连接接地导线等，以保证人身安全和有效地进行灭火。在未断电或未采取安全措施之前，不得用水或泡沫灭火器救火，否则容易触电伤人。

3）气焊与气割设备着火的紧急处理

① 电石桶、电石库房等着火时，不能用水或泡沫灭火器救火，因为泡沫灭火剂化学反应产生的水分可助长电石分解，使火势扩大；也不能用四氯化碳灭火器扑救，应当用干砂、干粉灭火器和二氧化碳灭火器扑救。

② 乙炔发生器着火时，应先关闭出气阀门，停止供气并使电石与水脱离接触。可用二氧化碳灭火器或干粉灭火器扑救，禁止用四氯化碳灭火器、泡沫灭火器或水进行扑救。采用四氯化碳灭火器扑救乙炔的着火，不仅有发生乙炔与氯气混合气爆炸的危险，而且还会产生剧毒气体光气（$COCl_2$）。

③ 液化石油气瓶在使用或贮运过程中，如果瓶阀漏气而又无法制止时，应立即把瓶体移至室外安全地带，让其逸出，直到瓶内气体排尽为止。同时，在气态石油气扩散所及的范围内，

禁止出现任何火源。

如果瓶阀漏气着火，应立即关闭瓶阀。若无法靠近时，应立即用大量冷水喷注，使气瓶降温，抑制瓶内升压和蒸发，然后关闭瓶阀，切断气源灭火。

④ 氧气瓶着火时，应迅速关闭氧气阀门，停止供氧，使火自行熄灭。如邻近建筑物或可燃物失火，应尽快将氧气瓶搬出，转移到安全地点，防止受火场高热影响而爆炸。

(3) 灭火措施

一旦发生火灾，只要消除燃烧条件中的任何一条，火就会熄灭，这就是灭火技术的基本理论。在此基本理论指导下，常用的灭火方法有隔离、冷却和窒息（隔绝空气）等。

1）隔离法

隔离法就是将可燃物与着火源（火场）隔离开来，燃烧会因而停止。例如装盛可燃气体、可燃液体的容器或管道发生着火事故或容器管道周围着火时，应立即采取以下措施。

① 设法关闭容器与管道的阀门，使可燃物与火源隔离，阻止可燃物进入着火区。

② 将可燃物从着火区搬走，或在火场及其邻近的可燃物之间形成一道"水墙"加以隔离。

③ 阻拦正在流散的可燃液体进入火场，拆除与火源毗连的易燃建筑物等。

2）冷却法

冷却法就是将燃烧物的温度降至着火点（燃点）以下，使燃烧停止；或者将邻近着火场的可燃物温度降低，避免形成新的燃烧条件。如常用水或干冰（二氧化碳）进行降温灭火。

3）窒息法

窒息法就是消除燃烧的条件之一——助燃物（空气、氧气或其他氧化剂），使燃烧停止。主要是采取措施，阻止助燃物进入燃烧区，或者用惰性介质和阻燃性物质冲淡稀释助燃物，使燃烧得不到足够的氧化剂而熄灭。采取窒息法的常用措施有：

将灭火剂如四氯化碳、二氧化碳、泡沫灭火剂等不燃气体或液体喷洒覆盖在燃烧物表面上，使之不与助燃物接触；用惰性介质或水蒸气充满容器设备，将正在着火的容器设备封严密闭；用不燃或难燃材料捂盖燃烧物等等。

4）灭火器材的选用

为能迅速地扑灭生产过程中发生的火灾，必须按照生产工艺过程的特点、着火物质的性质、灭火物质的性质及取用是否便利等原则来选择灭火剂。否则灭火效果有时会适得其反。例如，某铁道货场，存放 50 吨 P_2S_5，因吸潮自燃起火，由于错误地用水灭火，结果因产生大量 H_2S，造成 116 人中毒及重大财产损失。表 1-5 所列为不同类别火灾灭火器的配置。

不同类别火灾灭火器的配置 表 1-5

火灾类别	A 类	B 类	C 类	D 类	E 类
适用的灭火器	水系、泡沫、磷酸盐干粉（ABC）灭火器	干粉、泡沫、二氧化碳、卤代烷灭火器	干粉、二氧化碳、卤代烷灭火器	金属火灾用干粉专用灭火器	干粉、二氧化碳、卤代烷灭火器

二、焊接与切割基础

(一) 焊接的分类

焊接是通过加热或加压，或两者并用，并且用或不用填充材料，使工件达到牢固的冶金结合的一种加工工艺方法。在焊接过程中，对焊件进行加热加压，使原子间相互扩散和接近，实现原子间的相互结合，利用原子结合力把被焊接的两个工件连接固定为一个整体。

按照金属在焊接过程中的状态及工艺原理和特点不同，可以把金属焊接方法分为熔焊、压焊和钎焊三大类。

1. 熔焊

熔焊是利用局部加热使连接处的母材金属熔化，再加入（或不加入）填充金属形成焊缝而结合的方法。当被焊金属加热至熔化状态形成液态熔池时，原子之间可以充分扩散和紧密接触，因此，冷却凝固后即可形成牢固的焊接接头。如焊条电弧焊、气焊、氩弧焊、电渣焊等。

2. 压焊

压焊是在焊接过程中对焊件施加一定的压力（加热或不加热）以完成焊接的方法。这类焊接有两种形式。一是将被焊金属接触部分加热至塑性状态或局部熔化状态，然后施加一定的压力，以使金属原子间相互结合而形成牢固的焊接接头，如电阻焊、闪光焊等。二是不进行加热，仅在被焊金属的接触面上施加足够大的压力，借助压力所引起的塑性变形，以使原子间相互接近而获得牢固的压挤接头，这种压焊的方法有冷压焊、爆炸焊等。

3. 钎焊

钎焊是利用某些熔点低于母材熔点的金属材料作钎料，将焊件和钎料加热到高于钎料熔点，但低于母材熔点的温度，利用液态钎料润湿母材，填充接头间隙并与母材相互扩散实现连接焊件的焊接工艺方法，如烙铁钎焊、火焰钎焊（如铜焊、银焊）等。

4. 焊接技术的应用

焊接广泛应用于航空、航天、船舶、压力产品与管道、交通和建筑等行业，在建筑行业如建筑钢结构的焊接、钢筋的焊接、建筑安装工程中各类钢结构的焊接、维修焊补等。由于焊接直接关系到建筑产品的安全性、质量、使用寿命等诸多方面，所以焊接质量也是安全生产中一个重要的方面。

（二）切割的分类

1. 热切割

利用热能使金属材料分离的工艺称热切割。热切割主要有以下两种方法。

（1）将金属材料加热到尚处于固相状态时进行的切割，目前此方法应用最为广泛。

气割是利用气体燃烧的火焰将钢材切割处加热到着火点（此时金属尚处于固态），然后切割处的金属在氧气射流中剧烈燃烧，而将切割材料分离的加工工艺。常用氧—乙炔火焰作为气体火焰，也称为氧—乙炔气割。可燃气体亦可采用液化石油气、雾化汽油等。

（2）将金属材料加热到熔化状态时进行的切割亦称熔割。这类热切割的方法很多，目前广泛应用的是电弧切割、等离子切割、激光切割等。

2. 冷切割

冷切割是在分离金属材料过程中不对材料进行加热的切割方法。目前应用较多的是高压水射流切割。其原理是将水增压到超高压（100～400MPa）后，经节流小孔（$\phi0.15\sim0.4\text{mm}$）流出，使水压势能转变为射流动能（流速高达 900m/s）。用这种高速高密集度的水射流进行切割。磨料水流切割则是再往水射流中加入磨料粒子，其射流动能更大，切割效果更好。

（三）常用金属材料

1. 金属材料的焊接性

焊接性是指金属材料是否能适应焊接加工而形成完整的，具备一定使用性能的焊接接头的特性。焊接性包含焊接接头出现焊接缺陷的可能性，以及焊接接头在使用中的可靠性（如力学性能、耐磨、耐热、耐腐蚀性能）。

（1）影响金属材料焊接性的因素

影响金属材料焊接性的因素很多，主要有材料、工艺、设计和服役条件等。例如钢的含碳量、合金元素及其含量，采用的焊接工艺。含碳低的钢焊接性好，而含碳高、含有合金元素的钢焊接性差。铝采用焊条电弧焊时焊接性差，而采用氩弧焊时，焊接性则较好。

设计因素主要指焊接结构与焊接接头形式。结构的刚度、接头断面的过渡、焊缝的位置、焊缝的集中程度等。

服役条件因素主要指焊接结构的工作温度、载荷类型（如静载、动载、冲击）和工作环境（干燥、潮湿、盐雾及腐蚀性

（2）**钢材焊接性的评价——碳当量**

碳当量是判断碳钢、低合金结构钢焊接性最简便的方法之一。所谓碳当量是指把钢中合金元素（包括碳）的含量按其淬硬倾向换算成碳的相当含量，作为评定钢材焊接性的一种参考指标。这是因为碳是钢中的主要元素之一，随着碳含量增加，钢的塑性下降，并且在高应力的作用下，产生焊接裂纹的倾向也大为增加。因此钢中含碳量是影响焊接性的主要因素之一。同时，如在钢中加入铬、镍、锰、钼、钒、铜、硅等合金元素时，焊接接头的热影响区在焊接过程中产生淬硬的倾向也加大，即焊接性也将变差。对于碳钢和低合金结构钢，碳当量的计算公式：

$$C_E = C + \frac{Mn}{6} + \frac{Ni + Cu}{15} + \frac{Cr + Mo + V}{5}(\%)$$

根据经验：$C_E < 0.4\%$ 时，钢材的焊接性优良，淬硬倾向不明显，焊接时一般不必预热，当焊接大厚度板时，需适当预热；$C_E = 0.4\% \sim 0.6\%$ 时，钢材的淬硬倾向逐渐明显，需要采取适当预热，控制线能量等工艺措施；$C_E > 0.6\%$ 时，淬硬倾向更强，属于较难焊的材料，需采取较高的预热温度和严格的工艺措施。

利用碳当量来评定钢材的焊接性只是一种近似的方法，因为它没有考虑到焊接方法、焊件结构、焊接工艺等一系列因素对焊接性的影响，例如热裂纹倾向等。

2. 碳钢

碳素钢简称碳钢，是指含碳小于 2.11% 的铁碳合金。碳素钢价格低廉，具有必要的力学性能和优良的金属加工性能。

（1）碳素钢与合金钢的分类

1）按含碳量分为低碳钢（碳 < 0.25%），中碳钢（碳 = 0.25% ~ 0.60%），高碳钢（碳 > 0.60%）。

2）按钢的质量分类，也就是含有害杂质硫、磷的含量，可分为优质钢、高级优质钢、特级优质钢等。

3）按金相组织分类，按在室温下的组织，可分为奥氏体钢、铁素体钢、马氏体钢、珠光体钢、贝氏体钢等。

4）按用途分类可分为：结构钢、工具钢、特殊用途钢（不锈钢、耐热钢、耐酸钢、磁钢等）。

（2）钢材的牌号

依据现行国家标准《钢铁产品牌号表示方法》GB/T 221—2008，钢材牌号表示方法如下：

1）碳素结构钢和低合金钢的牌号通常由四个部分组成：

第一部分：前缀符号＋强度值（以 N/mm² 或 MPa 为单位）。通用结构钢前缀符号为代表屈服强度的拼音字母"Q"；专用结构钢的前缀，热轧光圆钢筋为英文单词字头 HPB，热轧带肋钢筋为英文单词字头 HRB，冷轧带肋钢筋为英文单词字头 CRB 等。

第二部分（必要时）：钢的质量等级，用英文字母 A、B、C、D、E、F……表示。

第三部分（必要时）：脱氧方式表示符号，即沸腾钢、半镇静钢、镇静钢、特殊镇静钢分别以"F"、"b"、"Z"、"TZ"表示。镇静钢、特殊镇静钢表示符号通常可以省略。

第四部分（必要时）：产品用途、特性和工艺方法表示符号。

如锅炉和压力容器用钢，牌号尾为汉语拼音字母 R；锅炉用钢，牌号尾为汉语拼音字母 G；高性能建筑结构用钢，牌号尾为汉语拼音字母 GJ 等。

牌号示例：碳素结构钢 Q235AF，代表的是屈服点为235MPa，质量等级为 A 级沸腾钢。

热轧光圆钢筋，屈服强度特征值 235N/mm²，其牌号为HPB235。冷轧带肋钢筋，屈服强度特征值 550N/mm²，其牌号为 CPB550。

2）优质碳素结构钢牌号通常由五部分组成：

第一部分：以两位阿拉伯数字表示平均碳含量（以万分之几计）。

第二部分（必要时）：较高含锰量的优质碳素结构钢，加锰元素符号 Mn。

第三部分（必要时）：钢材冶金质量，即高级优质钢、特级优质钢分别以 A、E 表示，优质钢不用字母表示。

第四部分（必要时）：脱氧方式表示符号，即沸腾钢、半镇静钢、镇静钢分别以"F"、"b"、"Z"表示，但镇静钢表示符号通常可以省略。

第五部分（必要时）：产品用途、特性或工艺方法表示符号。

优质碳素结构钢和示例见表 2-1。

优质碳素结构钢牌号　　　　表 2-1

序号	产品名称	第一部分	第二部分	第三部分	第四部分	第五部分	牌号示例
1	优质碳素结构钢	碳含量：0.05%～0.11%	锰含量：0.25%～0.50%	优质钢	沸腾钢	—	08F
2	优质碳素结构钢	碳含量：0.47%～0.55%	锰含量：0.50%～0.80%	高级优质钢	镇静钢	—	50A
3	优质碳素结构钢	碳含量：0.48%～0.56%	锰含量：0.70%～1.0%	特级优质钢	镇静钢	—	50MnE

注：化学元素符号的排列顺序推荐按含量递减排列。如果两个或多个元素含量相等时，相应符号位置按英文字母的顺序排列。

示例：见表 2-2。

3）不锈钢和耐热钢牌号

牌号采用规定的化学元素符号和表示各元素含量的阿拉伯数字表示。各元素含量的阿拉伯数字表示应符合如下规定：

合金结构钢和合金弹簧钢牌号示例　　　　　表 2-2

序号	产品名称	第一部分	第二部分	第三部分	第四部分	牌号示例
1	合金结构钢	碳含量：0.22%～0.29%	铬含量 1.50%～1.80% 钼含量 0.25%～0.35% 钒含量 0.15%～0.30%	高级优质钢	—	25Cr2MoVA
2	锅炉和压力容器用钢	碳含量：≤0.22%	锰含量 1.20%～1.60% 钼含量 0.45%～0.65% 铌含量 0.025%～0.050%	特级优质钢	锅炉和压力容器用钢	18MnMoNbER
3	优质弹簧钢	碳含量：0.56%～0.64%	硅含量 1.60%～2.00% 锰含量 0.70%～1.00%	优质钢	—	60Si2Mn

① 碳含量

用两位或三位阿拉伯数字表示碳含量最佳控制值（以万分之几或十万分之几计）。

A. 只规定碳含量上限者，当碳含量上限不大于 0.10% 时，以其上限的 3/4 表示碳含量；当碳含量上限大于 0.10% 时，以其上限的 4/5 表示碳含量。

例如：碳含量上限为 0.08%，碳含量以 06 表示；碳含量上限为 0.20%，碳含量以 16 表示；碳含量上限为 0.15%，碳含量以 12 表示。

对超低碳不锈钢（即碳含量不大于 0.030%），用三位阿拉伯数字表示碳含量最佳控制值（以十万分之几计）。

例如：碳含量上限为 0.030%，其牌号中的碳含量以 022 表示；碳含量上限为 0.020%，其牌号中的碳含量以 015 表示。

B. 规定上、下限者，以平均碳含量×100 表示。

例如：碳含量为 0.16％～0.25％时，其牌号中的碳含量以20表示。

② 合金元素含量

合金元素含量以化学元素符号及阿拉伯数字表示，表示方法同合金结构钢第二部分。钢中有意加入的铌、钛、锆、氮等合金元素，虽然含量很低，也应在牌号中标出。

例如：碳含量不大于 0.030％，铬含量为 16.00％～19.00％，钛含量为 0.10％～1.00％的不锈钢，牌号为 022Cr18Ti。

碳含量为 0.15％～0.25％，铬含量为 14.00％～16.00％，锰含量为 14.00％～16.00％，镍含量为 1.50％～3.00％，氮含量为 0.15％～0.30％的不锈钢，牌号为 20Cr15Mn15Ni2N。

碳含量为不大于 0.25％，铬含量为 24.00％～26.00％，镍含量为 19.00％～22.00％的耐热钢，牌号为 20Cr25Ni20。

4）焊接用钢

焊接用钢包括焊接用碳素钢、焊接用合金钢和焊接用不锈钢等。

焊接用钢牌号通常由两部分组成：

第一部分：焊接用钢表示符号"H"。

第二部分：各类焊接用钢牌号表示方法。其中优质碳素结构钢、合金结构钢和不锈钢应分别符合相应规定。

示例：见表 2-3。

焊接用钢牌号 表 2-3

产品名称	第一部分			第二部分	第三部分	第四部分	牌号示例
	汉字	汉语拼音	采用字母				
焊接用钢	焊	HAN	H	碳含量：≤0.10％的高级优质碳素结构钢	—	—	H08A
焊接用钢	焊	HAN	H	碳含量：≤0.10％ 铬含量：0.80％～1.10％ 钼含量：0.40％～0.60％的高级优质碳素结构钢	—	—	H08CrMoA

(3) 碳素钢的焊接性与焊接

低碳钢是焊接结构中应用相当广泛的材料。它具有良好的焊接性，可采用交直流焊机进行全位置焊接，工艺简单，使用各种焊法施焊都能获得优质的焊接接头。在低温（零下10℃以下）和厚焊件（大于30mm）以及焊接含硫、磷较多的钢材时，有可能产生裂纹，应采取适当预热等措施。

中碳钢和高碳钢在焊接时，常出现下列问题：①在焊缝中产生气孔；②在焊缝和近缝区产生淬火组织甚至发生裂纹。原因是随着钢中含碳量的增高，焊接时若熔池脱氧不足，FeO与碳作用生成CO，形成CO气孔。另外钢中含碳量大于0.28%时焊接过程中容易出现淬火组织，有时由于在高温停留时间过长，在这些区域晶粒会变粗大，塑性差，焊件刚性较大时，较大的焊接内应力就可能使这些区域产生裂纹。

焊接碳素钢时应加强对熔池的保护，防止空气中的氧侵入熔池，在药皮中加入脱氧剂等。焊接含碳量较高的钢时，为防止出现淬硬组织和裂纹，应采取焊前预热和焊后缓冷等措施，以及后面讨论的减小焊件变形和应力的其他措施。

3. 合金钢

合金钢是在碳钢的基础上，为了获得特定的性能（如高强度、耐热、耐腐蚀、耐低温等）有目的加入一种或多种合金元素。按合金的总量分为低合金钢（合金总量<5%）、中合金钢（合金总量5%～10%）、高合金钢（合金总量>10%）。

在结构钢中加入了少量的合金成分可极大地提高钢的性能，低合金高强度钢在结构用钢中得到了广泛的应用。而特殊用途钢（不锈钢、耐热钢、耐酸钢、磁钢等）基本都是合金钢。

专用合金结构钢16MnR，为平均含碳量为0.16%、含锰小于1.5%的压力容器用钢，有良好的焊接性能。

不同种类的合金钢焊接性有各自的特点，有不同的焊接要求。

一些合金钢，随合金含量的增加，焊接性变差，会在热影响区有淬硬倾向易导致氢致裂纹的产生。随着强度等级的提高，当采用过快的焊接速度、过小的焊接电流；或在寒冷、大风的作业环境中焊接，都易促使出现淬硬组织和裂纹。

为防止出现淬硬组织和裂纹，应尽可能减缓焊后冷却速度和不利的工作条件，并需严格清理接头处的水、油污，严格对焊接材料进行烘干等焊前准备。采用电弧焊接时，可以进行100～200℃的低温预热，采用多层多道焊。要尽可能采取减小应力的措施，必要时有的工件可以进行焊后热处理。

特殊用途钢随合金成分的不同，各有其焊接特点和要求来保证其焊接质量。

（四）焊接材料

1. 焊条

涂有药皮的供手弧焊用的熔化电极叫焊条。它由药皮和焊芯两部分组成。

（1）焊条的组成

1）焊芯　焊条中被药皮包覆的金属芯叫焊芯。焊芯的作用是在焊接时传导电流产生电弧并熔化，成为焊缝的填充金属。焊芯金属的各合金含量有一定要求，以保证焊后焊缝的质量。焊芯的质量应符合现国家标准《熔化焊用钢丝》GB/T 14957—1994的要求。

焊条直径是指焊芯的直径。焊芯规格见表2-4。焊芯直径、焊芯材料的不同决定了焊条允许通过的电流密度不同，焊芯长度也有一定的限制。

2）药皮的作用及类型

压涂在焊芯表面上的涂料层叫药皮。药皮具有下列作用：

① 提高焊接电弧的稳定性。药皮中含有钾和钠成分的"稳

弧剂"，能提高电弧的稳定性，使焊条容易引弧，稳定燃烧以及熄灭后的再引弧。

焊条尺寸规格 表2-4

焊条直径		焊条长度	
基本尺寸	极限偏差	基本尺寸	极限偏差
1.6		200～250	
2.0		250～350	
2.5	±0.05		±2.0
3.2		350～450	
4.0			
5.0			

② 保护熔化金属不受外界空气的影响。药皮中的"造气剂"高温下产生的保护性气体与熔化的焊渣使熔化金属与外界空气隔绝，防止空气侵入。熔化后形成的熔渣覆盖在焊缝表面，使焊缝金属缓慢冷却，有利于焊缝中气体的逸出。

③ 脱氧精炼。焊接过程中，虽然对焊缝金属采取了保护但仍然会混入一些氧、氮、硫、磷等有害杂质，需要进一步去除杂质。药皮中的某些合金元素具有脱氧、脱氮、脱硫、脱磷等精炼作用，可使焊缝中的有害元素降到最低程度。

④ 添加合金元素提高焊缝性能。用药皮添加入一定量的合金元素一方面可以补偿焊芯中合金元素的烧损；另一方面是依靠药皮中的合金元素过渡到焊缝以提高焊缝性能。

⑤ 改善焊接工艺性能，提高焊接生产率。药皮中含有合适的造渣、稀渣成分，使焊渣可获得良好的流动性，焊接时形成药皮套筒，使熔滴顺利向熔池过渡，减少飞溅和热量损失，提高生产率和改善工艺过程。

(2) 焊条型号

1) 型号划分

焊条型号按熔敷金属力学性能、药皮类型、焊接位置、电流类型、熔敷金属化学成分和焊后状态等进行划分。相应国家标准为 GB/T 5117—2012 和 GB/T 5118—2012。

2）型号编制方法

焊条型号由五部分组成：

① 第一部分用字母"E"表示焊条；

② 第二部分为字母"E"后面的紧邻两位数字，表示熔敷金属的最小抗拉强度代号，见表2-5；

③ 第三部分为字母"E"后面的第三和第四两位数字，表示药皮类型、焊接位置和电流类型，见表2-6；

④ 第四部分为熔敷金属化学成分分类代号，可为"无标记"或短划"—"后的字母和数字组合，见表2-7、表2-8；

⑤ 第五部分为熔敷金属的化学成分代号之后的焊后状态代号，其中"无标记"表示焊态，"P"表示热处理状态，"AP"表示焊态和焊后热处理两种状态均可。

除以上强制分类代号外，可在型号后依次附加可选代号。

A. 字母"U"表示在规定试验温度下，冲击吸收能量可以达到47J以上。

B. 扩散氢代号"HX"，其中 X 为 15、10 或 5，分别表示100g 熔敷金属中扩散氢含量的最大值（mL）。

示例1：

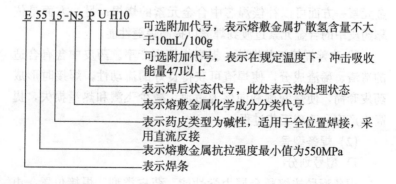

44

示例2：

E 43 03
└─── 表示药皮类型为钛型，适用于全位置焊接，采用交流或直流
　　　正、反接
└───── 表示熔敷金属抗拉强度最小值为430MPa
└─────── 表示焊条

熔敷金属抗拉强度代号　　　　　　　　**表2-5**

抗拉强度代号	最小抗拉强度（MPa）
43	430
50	490
52	520
55	550
57	570
62	620

药皮类型代号　　　　　　　　**表2-6**

代号	药皮类型	特点	焊接位置	电流类型
03	钛型	此药皮类型包含二氧化钛和碳酸钙的混合物，所以同时具有金红石焊条和碱性焊条的某些性能	全位置	交流和直流正、反接
10	纤维素	此药皮类型内含有大量的可燃有机物，尤其是纤维素，由于其强电弧特性特别适用于向下立焊。由于钠影响电弧的稳定性，因而焊条主要适用于直流焊接，通常使用直流反接	全位置	直流反接
11	纤维素	此药皮类型内含有大量的可燃有机物，尤其是纤维素，由于其强电弧特性特别适用于向下立焊。由于钾增强电弧的稳定性，因而焊条适用于交直流两用焊接，直流焊接时使用直流反接	全位置	交流和直流反接
12	金红石	此药皮类型内含有大量的二氧化钛（金红石）。其柔软电弧特性适合于在简单装配条件下对大的根部间隙进行焊接	全位置	交流和直流反接

代号	药皮类型	特点	焊接位置	电流类型
13	金红石	此药皮类型内含有大量的二氧化钛（金红石）和增强电弧稳定性的钾。与药皮类型12相比能在低电流条件下产生稳定电弧，特别适用于金属薄板的焊接	全位置	交流和直流正、反接
14	金红石＋铁粉	此药皮类型与药皮类型12和13类似，但添加了少量铁粉。加入铁粉可以提高电流承载能力和熔敷效率，适用于全位置焊接	全位置	交流和直流正、反接
15	碱性	此药皮类型碱度较高，含有大量的氧化钙和萤石。由于钠影响电弧的稳定性，只适用于直流反接。此药皮类型的焊条可以得到低氢含量、高冶金性能的焊缝	全位置	直流反接
16	碱性	此药皮类型碱度较高，含有大量的氧化钙和萤石。由于钾增强电弧的稳定性，适用于交流焊接。此药皮类型的焊条可以得到低氢含量、高冶金性能的焊缝	全位置	交流和直流反接
18	碱性＋铁粉	此药皮类型除了药皮略厚和含有大量铁粉外，其他与药皮16类似。与药皮类型16相比，药皮类型18中的铁粉可以提高电流承载能力和熔敷效率	全位置	交流和直流反接
19	钛铁矿	此药皮类型包含钛和铁的氧化物，通常在钛铁矿获取。虽然它们不属于碱性药皮类型焊条，但是可以制造出高韧性的焊缝金属	全位置	交流和直流正、反接
20	氧化铁	此药皮类型包含大量的铁氧化物。熔渣流动性好，所以通常只在平焊和横焊中使用。主要用于角焊缝和搭接焊缝	PA、PB	交流和直流正接
24	金红石＋铁粉	此药皮类型除了药皮略厚和含有大量铁粉外，其他与药皮14类似。通常只在平焊和横焊中使用。主要用于角焊缝和搭接焊缝	PA、PB	交流和直流正、反接

代号	药皮类型	特点	焊接位置	电流类型
27	氧化铁+铁粉	主要此药皮类型除了药皮略厚和含有大量铁粉外，其他与药皮20类似，增加了药皮类型20中的铁氧化物。主要用于高速角焊缝和搭接焊缝	PA、PB	交流和直流正、反接
28	碱性+铁粉	此药皮类型除了药皮略厚和含有大量铁粉外，其他与药皮18类似。通常只在平焊和横焊中使用。能得到低含氢量、高冶金性能的焊缝	PA、PB、PC	交流和直流反接
40	不做规定	此药皮类型可按具体要求有所不同	由制造商确定	
45	碱性	除了主要用于向下立焊外，此药皮类型与药皮15类似	全位置	直流反接
48	碱性	除了主要用于向下立焊外，此药皮类型与药皮18类似	全位置	交流和直流反接

a 焊接位置　PA＝平焊　PB＝平角　PC＝横焊　PG＝向下立焊
b 此处"全位置"并不一定包含向下立焊，由制造商确定。

非合金钢焊条熔敷金属化学成分分类代号　　表 2-7

分类代号	主要化学成分的名义含量%				
	Mn	Ni	Cr	Mo	Cu
无标记、—1、—P1、—P2	1.0	—		—	—
—1M3	—	—		0.5	—
—3M2	1.5	—		0.4	—
—3M3	1.5	—		0.5	—
—N1	—	0.5			
—N2	—	1.0			
—N3	—	1.5			
—3N3	1.5	1.5			
—N5	—	2.5			
—N7	—	3.5			

分类代号	主要化学成分的名义含量%				
	Mn	Ni	Cr	Mo	Cu
—N13	—	6.5	—	—	—
—N2M3	—	1.0	—	0.5	—
—NC	—	0.5	—	—	0.4
—CC	—	—	0.5	—	0.4
—NCC	—	0.2	0.6	—	0.5
—NCC1	—	0.6	0.6	—	0.5
—NCC2	—	0.3	0.2	—	0.5
—G	其他成分				

热强钢（低合金钢）焊条熔敷金属化学成分分类代号　　表 2-8

分类代号	主要化学成分的名义含量
—1M3	此类焊条中含有 Mo，Mo 是在非合金钢焊条基础上的唯一添加合金元素。数字 1 约等于名义上 Mn 含量两倍的整数，字母"M"表示 Mo，数字 3 表示 Mo 的名义含量，大约 0.5%
—×C×M×	对于含铬-钼的热强钢，标识"C"前的整数表示 Cr 的名义含量，"M"前的整数表示 Mo 的名义含量。对于 Cr 或者 Mo，名义含量少于 1%，则字母前不标记数字。如果在 Cr 和 Mo 之外还加入了 W、V、B、Nb 等合金成分，则按照此顺序，加于铬和钼标记之后。标识末尾的"L"表示含碳量较低。最后一个字母后的数字表示成分有所改变
—G	其他成分

(3) 焊条的分类及选用原则

1）焊条的分类

① 按焊条的用途分类　可分为碳钢焊条、低合金钢焊条、不锈钢焊条、堆焊焊条、铸铁焊条、镍及镍合金焊条、铜及铜合金焊条、铝及铝合金焊条和特殊用途焊条共 9 种。

② 按焊条药皮熔化后的熔渣特性分类可分为酸性焊条和碱性焊条：

酸性焊条　其熔渣的成分主要是酸性氧化物，具有较强的氧化性，合金元素烧损多，因而力学性能较差，特别是塑性和冲击韧性比碱性焊条低。同时，酸性焊条脱氧、脱磷硫能力低，因此热裂纹的倾向也较大。但这类焊条焊接工艺性较好，对弧长、铁锈不敏感，且焊缝成型好，脱渣性好，广泛用于一般结构。

碱性焊条　熔渣的成分主要是碱性氧化物和铁合金。由于脱氧完全，合金过渡容易，能有效地降低焊缝中的氢、氧、硫。所以焊缝的力学性能和抗裂性能均比酸性焊条好。可用于合金钢和重要碳钢的焊接。但这类焊条的工艺性能差，引弧困难，电弧稳定性差，飞溅较大，不易脱渣，必须采用短弧焊。

2）碳钢焊条的选择和使用

对于碳钢和某些低合金钢来说，在选用焊条时注意以下一些原则：

① 等强度原则　对于承受静载或一般载荷的工件或结构，通常选用抗拉强度与母材相等的焊条。例：20 钢抗拉强度在 400MPa 左右可以选用 E43 系列的焊条。要注意以下问题：

A. 一般钢材按屈服点来确定等级和牌号（如 Q235），而碳钢焊条按熔敷金属抗拉强度的最低值来定强度等级，不能混淆，应按照母材的抗拉强度来选择抗拉强度相同的焊条。

B. 对于强度级别较低的钢材基本按等强度原则，但对于焊接结构刚度大，受力情况复杂的工件，选用焊条时，应考虑焊缝塑性，可选用比母材低一级抗拉强度的焊条。

② 酸性焊条和碱性焊条的选用

在焊条的抗拉强度等级确定后，再决定选用酸性焊条或碱性焊条时一般要考虑以下几方面的因素：

A. 当接头坡口表面难以清理干净时，应采用氧化性强、对铁锈、油污等不敏感的酸性焊条。

B. 在容器内部或通风条件较差的条件下，应选用焊接时析出有害气体少的酸性焊条。

C. 当母材中碳、硫、磷等元素含量较高时，且焊件形状复杂、结构刚性大和厚度大时，应选用抗裂性好的碱性低氢型焊条。

D. 当焊件承受振动载荷或冲击载荷时，除保证抗拉强度外，应选用塑性和韧性较好的碱性焊条。

E. 在酸性焊条和碱性焊条均能满足性能要求的前提下，应尽量选用工艺性能较好的酸性焊条。

③ 焊条的焊接位置

焊接部位为空间任意位置时，必须选用能进行全位置焊接的焊条，焊接部位始终是向下立焊时，可以选用专门向下立焊的焊条或其他专门焊条。对于一些要求高生产率的焊件时，可选用高效铁粉焊条。

(4) 碳钢焊条的使用

为了保证焊缝的质量，碳钢焊条在使用前须对焊条的外观进行检查以及烘干处理。

1) 焊条的外观检查

对焊条进行外观检查是为了避免由于使用了不合格的焊条，而造成焊缝质量的不合格。

外观检查包括：

① 偏心　是指焊条药皮沿焊芯直径方向偏心的程度。焊条若偏心，则表明焊条沿焊芯直径方向的药皮厚度有差异。这样焊接时焊条药皮熔化速度不同，无法形成正常的套筒，因而在焊接时产生电弧的偏吹，使电弧不稳定，造成母材熔化不均匀，影响焊缝质量。因此应尽量不使用偏心的焊条。

② 锈蚀　是指焊条芯是否有锈蚀的现象。一般来说，若焊芯仅有轻微的锈迹，基本上不影响性能。但是如果焊接质量要求高时，就不宜使用。若焊条锈迹严重就不宜使用，至少也应降级使用或只能用于一般结构件的焊接。

③ 药皮裂纹及脱落　药皮在焊接过程中起着很重要的作用，如果药皮出现裂纹甚至脱落，则直接影响焊缝质量。因此对于药皮脱落的焊条，则不应使用。

2）焊条的烘干

① 烘干目的。在焊条出厂时，所有的焊条都有一定的含水量，它根据焊条的型号不同而不同。焊条出厂时具有含水量是正常的，对焊缝质量没有影响。但是焊条在存放时会从空气中吸收水分，在相对湿度较高时，焊条涂料吸收水分很快。普通碱性焊条裸露在外面一天，受潮就很严重。受潮的焊条在使用中是很不利的，不仅会使焊接工艺性能变坏，而且也影响焊接质量，容易产生氢致裂纹、气孔等缺陷，造成电弧不稳定、飞溅增多、烟尘增大等不利影响。因此，焊条（特别是低氢型碱性焊条）在使用前必须烘干。

② 烘干温度。不同焊条品种要求不同的烘干温度和保温时间。在各种焊条的说明书中对此均作了规定，这里介绍通常情况下，碳钢焊条的再烘干温度和时间。

酸性焊条　酸性焊条药皮中，一般均有含结晶水的物质和有机物，再烘干时应以除去药皮中的吸附水，而不使有机物分解变质为原则。因此，烘干温度不能太高，一般规定为 75～150℃，保温 1～2h。

碱性焊条　由于碱性焊条在空气中极易吸潮，而且在药皮中没有有机物，在烘干时更需去掉药皮中矿物质中的结晶水。因此烘干温度要求较高，一般需 350～400℃，保温 1～2h。

③ 烘干方法及要求

A. 焊条烘干应放在正规的远红外线烘干箱内进行烘干，不能在炉子上烘烤，也不能用气焊火焰直接烧烤。

B. 烘干焊条时，禁止将焊条直接放进高温炉内，或从高温炉中突然取出冷却，以防止焊条因骤冷骤热而产生药皮开裂脱落。应缓慢加热、保温、缓慢冷却。经烘干的碱性焊条最好放入另一个温度控制在 80～100℃的低温烘箱内存放，随用随取。

C. 烘干焊条时，焊条不应成垛或成捆地堆放，应铺成层状，ϕ4mm 焊条不超过三层，ϕ3.2mm 焊条不超过五层。否则焊条叠起太厚造成温度不均匀，局部过热而使药皮脱落，而且也不利于潮气排除。

D. 焊接重要产品时，每个焊工应配备一个焊条保温筒，施焊时，将烘干的焊条放入保温筒内。筒内温度保持在 $50\sim60℃$，还可放入一些硅胶，以免焊条再次受潮。

E. 焊条烘干一般可重复两次。据有关资料介绍，对于酸性焊条的碳钢焊条重复烘干次数可以达到五次，但对于酸性焊条中的纤维素型焊条以及低氢型的碱性焊条，则重复烘干次数不宜超过三次。

（5）碳钢焊条的保管

焊条管理的好坏对焊接质量有直接的影响。因此焊条的储存、保管也是很重要的。

1）各类焊条必须分类、分型号存放，避免混淆。

2）焊条必须存放在通风良好、干燥的库房内。重要焊接工程使用的焊条，特别是低氢型焊条，最好储存在专用的库房内。库房要保持一定的湿度和温度，建议温度在 $10\sim25℃$，相对湿度在 60% 以下。

3）储存焊条必须垫高，与地面和墙壁的距离均应大于0.3m 以上，使得上下左右空气流通，以防受潮变质。

4）为了防止破坏包装及药皮脱落，搬运和堆放时不得乱摔、乱砸，应小心轻放。

5）为防止焊条受潮，尽量做到现用现拆包装，并且做到先入库的焊条先使用，以免存放时间过长而受潮变质。

2. 焊剂

焊接时，能够熔化形成熔渣和气体，对熔化金属起保护并进行复杂的冶金反应的颗粒状物质叫焊剂。它是埋弧焊与电渣焊不可缺少的一种焊接材料。

（1）焊剂的分类

焊剂的分类方法很多，可以按生产工艺、化学成分以及在焊剂中添加脱氧剂、合金剂进行分类：

1）按生产工艺分类　可分为熔炼焊剂、粘结焊剂和烧结焊剂。

①熔炼焊剂　它是将一定比例的各种配料在炉内熔炼，然后经过水冷粒化、烘干、筛选而制成的一种焊剂。其主要优点是：化学成分均匀；防潮性好；颗粒强度高；便于重复使用。它是目前国内生产中应用最多的一种焊剂。其缺点是：制造过程要经过高温熔炼；合金元素易被氧化，因此不能依靠焊剂向焊缝大量添加合金元素。

②烧结焊剂　它是通过向一定比例的各种配料中加入适量的粘结剂，混合搅拌后在高温（400～1000℃）下烧结而成的一种焊剂。

③粘结焊剂　它是通过向一定比例的各种配料中加入适量的粘结剂，混合搅拌后粒化并在低温（400℃以下）烘干而制成的一种焊剂。以前也称为陶质焊剂。

后两种焊剂都属于非熔炼焊剂。由于没有熔炼过程，所以化学成分不均匀。但可以在焊剂中添加铁合金，利用合金元素来更好地改善焊剂性能，增大焊缝金属的合金化。

2）按焊剂中添加的脱氧剂、合金剂分类。可分为中性焊剂、活性焊剂和合金焊剂。

①中性焊剂　是指在焊接后，熔敷金属化学成分与焊丝化学成分不产生明显变化的焊剂。中性焊剂用于多道焊接，特别适用于厚度大于25mm的母材的焊接。由于中性焊剂不含或含有少量脱氧剂，所以在焊接过程中需要依赖于焊丝提供脱氧剂。

②活性焊剂　是指在焊剂中加入少量锰、硅脱氧剂的焊剂。它可以提高抗气孔能力和抗裂性能。使用时，提高焊接电压能使更多的合金元素进入焊缝，能够提高焊缝的强度，但会降低焊缝的冲击韧性。因此准确地控制焊接电压，对采用活性焊剂的埋弧焊尤为重要。

③合金焊剂　是指使用碳钢焊丝，其熔敷金属为合金钢的焊剂。焊剂中添加了较多的合金成分，用于过渡合金。多数合

金焊剂为粘结焊剂和烧结焊剂。合金焊剂主要用于低合金钢和耐磨堆焊的焊接。

3）按化学成分分类。分为高锰焊剂、中锰焊剂等。

（2）熔炼焊剂牌号的编制

焊剂牌号是根据焊剂中主要成分 MnO、SiO_2、CaF_2 的平均质量分数来划分的，具体表示为：

1）由字母"HJ"来表示熔炼焊剂。

2）字母后第一位数字表示焊剂中 MnO 的平均质量分数，见表 2-9。

焊剂牌号与氧化锰平均质量分数 　　　表 2-9

牌号	焊剂类型	ω（MnO）
HJ1××	无锰	<2%
HJ2××	低锰	2%～15%
HJ3××	中锰	15%～30%
HJ4××	高锰	>30%

3）第二位数字表示焊剂中 SiO_2、CaF_2 的平均质量分数，见表 2-10。

焊剂牌号与二氧化硅、氟化钙平均质量分数　　表 2-10

牌号	焊剂类型	SiO_2、CaF_2 的平均质量分数
HJ×1×	低硅低氟	$\omega(SiO_2)$<10%　$\omega(CaF_2)$<10%
HJ×2×	中硅低氟	$\omega(SiO_2)$≈10%～30%　$\omega(CaF_2)$<10%
HJ×3×	高硅低氟	$\omega(SiO_2)$>30%　$\omega(CaF_2)$<10%
HJ×4×	低硅中氟	$\omega(SiO_2)$<10%　$\omega(CaF_2)$≈10%～30%
HJ×5×	中硅中氟	$\omega(SiO_2)$≈10%～30%　$\omega(CaF_2)$≈10%～30%
HJ×6×	高硅中氟	$\omega(SiO_2)$>30%　$\omega(CaF_2)$≈10%～30%
HJ×7×	低硅中氟	$\omega(SiO_2)$<10%　$\omega(CaF_2)$≈10%～30%
HJ×8×	中硅高氟	$\omega(SiO_2)$≈10%～30%　$\omega(CaF_2)$>30%
HJ×8×	待发展	

4）第三位数字表示同一类型焊剂的不同牌号，从 0～9 顺

序排列。

5）当同一牌号焊剂生产两种颗粒时，在细颗粒产品后加一"细"字表示。

例如：

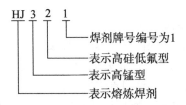

（3）烧结焊剂的牌号表示方法

1）牌号前"SJ"表示埋弧焊用烧结焊剂。

2）字母后第一位数字表示焊剂熔渣的渣系，见表 2-11。

3）字母后第二、第三位数字表示同一渣系类型焊剂中的不同牌号，按 01、02、……、09 顺序排列。

烧结焊剂牌号极其渣系　　　　　　　　　　表 2-11

焊剂牌号	熔渣渣系类型	主要组分范围
SJ1××	氟碱型	$\omega(CaF_2)\geqslant15\%$　$\omega(CaO+MgO+MnO+CaF_2)>50\%$　$\omega(SiO_2)\leqslant20\%$
SJ2××	高铝型	$\omega(Al_2O_3)\geqslant20\%$　$\omega(Al_2O_3+CaO+MgO)>45\%$
SJ3××	硅钙型	$\omega(CaO+MgO+SiO_2)>60\%$
SJ4××	硅锰型	$\omega(MnO+SiO_2)>50\%$
SJ5××	铝钛型	$\omega(Al_2O_3+TiO_2)>45\%$
SJ6××	其他型	

（4）焊剂的使用

1）焊剂的选择

① 按生产工艺分类的焊剂的特点及应用

A. 熔炼焊剂几乎不吸潮；不能灵活有效地向焊缝过渡所需合金；在小于 1000A 情况下焊接工艺性能良好；但脱渣性较差，

不适宜深坡口、窄间隙等位置的焊接。

B. 烧结焊剂在大于 400A 情况下焊接工艺性能良好；脱渣性优良；可灵活向焊缝过渡合金，满足不同的性能及成分要求，适于对脱渣性、力学性能等要求较高的情况；但焊剂易吸潮，焊前必须烘焙，随烘随用。

② 碱度值不同的焊剂的特点及应用

A. 一般使用碱度值较高的焊剂焊接后焊缝杂质少，有益合金过渡（烧结焊剂），可满足较高力学性能的要求；但对坡口表面质量要求严格，且应采用直流反接。

B. 碱度值较低的焊剂其焊缝杂质及有害元素不可避免地存在，焊缝性能进一步提高受到限制。但其对电源要求不高，对坡口表面质量要求可以适当放宽。

应根据钢种、板厚、接头形式、焊接设备、施焊工艺及所要求的各项性能等来确定能满足要求的焊丝焊剂组合。

2）焊剂颗粒度

通常焊剂供应的粒度为 10～60 目（烧结焊剂）、8～40 目（熔炼焊剂）。亦可提供特种颗粒的焊剂。粒度的选择主要依据焊接工艺参数：一般大电流焊接情况下，应选用细粒度颗粒，以免引起焊道外观成型变差；小电流焊接时，应选用粗粒度焊剂，否则气体逸出困难，易产生麻点、凹坑甚至气孔等缺陷；高速焊时，为保证气体充分逸出，也应选用相对较粗粒度的焊剂。

3）焊剂的烘干

焊剂应妥善保管，并存放在干燥、通风的库房内，尽量降低库房湿度，防止焊剂受潮。使用前，应对焊剂进行烘干。其烘干工艺是：

① 熔炼焊剂要求 200～250℃下烘焙 1～2h。

② 烧结焊剂要求 300～400℃下烘焙 1～2h。

4）焊剂的回收利用

焊剂可以回收并重新利用。但回收的焊剂因灰尘、铁锈等杂质被带入焊剂，以及焊剂粉化而使粒度细化，故应对回收焊剂过筛，随时添加新焊剂并充分拌匀后再使用。

（五）焊接工艺基础

1. 焊接电弧

（1）焊接电弧

焊接电弧——焊接电弧是指由焊接电源供给的具有一定电压的两电极间或电极与焊件间气体介质中产生的强烈而持久的放电现象。

（2）直流电弧的结构

直流电弧由阴极区、阳极区和弧柱区组成，其结构如图 2-1 所示。

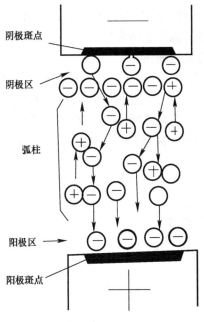

图 2-1　焊接电弧的构造

57

1）阴极区　电弧靠近负极的区域为阴极区，阴极区很窄，电场强度很大。在阴极表面有一个明亮的斑，称为阴极斑点。它是电子发射时的发源地，电流密度很大，也是阴极温度最高的地方。

2）阳极区　电弧靠近正电极的区域为阳极区，阳极区较阴极区宽，在阳极表面也有一个明亮的斑，称为阳极斑点。它是集中接受电子时的微小区域，阳极区电场强度比阴极小得多。

3）弧柱区　在阴极区和阳极区之间为弧柱区，其长度占弧长的绝大部分。在弧柱区充满了电子、正离子和中性的气体分子或原子，并伴随着激烈的电离反应。

（3）焊接电弧的温度分布

焊接电弧中三个区域的温度分布是不均匀的。一般情况下阳极斑点温度高于阴极斑点温度，分别占放出热量的 43% 和 36%；但都低于该种电极材料的沸点，弧柱区的温度最高，但沿其截面分布不均，其中心部温度最高，可达 5000～8000K，离开弧柱中心线，温度逐渐降低。

（4）电弧静特性曲线

1）焊接电弧静特性曲线　在电极材料、气体介质和弧长一定的情况下，电弧稳定燃烧时，焊接电流和电弧电压的关系称为电弧的静特性。电弧静特性曲线如图 2-2 所示。静特性曲线呈 U 型，它有三个不同区域，当电流较小时（ab 区）电弧静特性

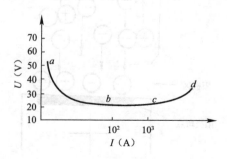

图 2-2　电弧静特性曲线

是属于下降特性区，随着电流增加电压减小；当电流稍大时（bc区），电弧特性属于水平特性区，也就是电流变化而电压几乎不变；当电流较大时（cd区），电弧静特性属上升特性区，电压随电流的增加而升高。

在弧长不同时可得到相似的不同的外特性曲线族。弧长增加时，静特性曲线上移，如图2-3所示。

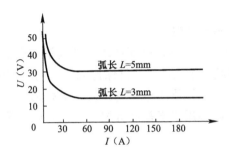

图2-3　电弧长度对静特性的影响

2）不同焊接方法的电弧静特性曲线　不同的电弧焊接方法，在一定的条件下，其静特性只是曲线的某一区域。

① 手工电弧焊　由于使用电流受限制（手弧焊设备的额定电流不大于500A），故其静特性曲线无上升特性区。

② 埋弧自动焊　在正常电流密度下焊接时，其静特性为平特性区；采用大电流密度焊接时，其静特性为上升特性区。

③ 钨极氩弧焊　一般在小电流区间焊接时，其静特性为下降特性区；在大电流间焊接时，静特性为平特性区。

④ 细丝熔化极气体保护焊　由于电流密度较大，所以其静特性曲线为上升特性区。

（5）电弧电压和弧长的关系

电弧电压由阴极电压降、阳极电压降和弧柱电压降三部分组成。其中阴极电压降和阳极电压降在一定电极材料和气体介质的场合下，基本上是固定的数值，弧柱电压降在一定的气体介质条件下和弧柱长度（实际上是电弧长度）成正比。所以电弧电压可以表示为：

$$U = a + bL$$

式中　a——阴极和阳极电压降之和，即 $U_{阴} + U_{阳}$（V）；

　　　b——弧柱单位长度上的电压降（V/mm）；

　　　L——弧柱长度（mm）。

所以当电弧拉长时，电弧电压升高；当弧长缩短时，电弧电压降低。

(6) 焊接电弧的偏吹

在正常焊接情况下，电弧的轴线总是沿着电极中心线的方向。即使焊条倾斜于工件时，仍保持轴线方向的倾向，如图 2-4 所示。电弧的这种性质叫电弧的挺度，电弧的挺度对焊接操作十分有利，可以利用它来控制焊缝的成型，吹去覆盖在熔池表面过多的熔渣。

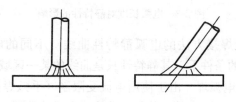

图 2-4　电弧的方向与焊条同一轴线

然而电弧是由气体电离构成的柔性导体，因此受外力作用时，很容易发生偏摆。使电弧中心偏离电极轴线的现象称为电弧的偏吹。电弧偏吹使电弧燃烧不稳定，影响焊缝成型和焊接质量。

造成电弧偏吹的原因很多，主要有以下几种：

1）焊条偏心度过大　焊条的偏心度是指焊条药皮沿焊芯直径方向偏心的程度。焊条因制造工艺不当产生偏心，在焊接时，电弧燃烧后药皮熔化不均，电弧将偏向药皮薄的一侧形成偏吹，如图 2-5 所示。所以为防止电弧偏吹，焊条的偏心度应符合国家标准的规定。

2）电弧周围气流的干扰　在室外进行焊接作业时，电弧周围气体的流动会把电弧吹向一侧而造成偏吹。特别是在大风中、狭长焊缝或管道内进行焊接时，由于空气的流速快，会造成电弧偏吹，严重时甚至无法进行焊接。因此，在气流中进行焊接时，电弧周围应有挡风装置；管道焊接时，应将管子两端堵住。

3）磁场的影响—磁偏吹　进行直流弧焊时，电弧因受到焊接回路所产生的电磁力的作用而产生的电弧偏吹称为磁偏吹。

产生磁偏吹的主要原因：

① 接地线位置不正确　焊接时，由于接地线位置不正确，使电弧周围的磁场强度分布不均，从而造成电弧的偏吹，如图 2-6 所示。因为在进行直流电焊接时，除了在电弧周围产生自身磁场外，通过焊件的电流也会在空间产生磁场。若导线接在焊件的左侧（图 2-6），则在焊件左侧为两个磁场相叠加，而在电弧右侧为单一磁场，电弧两侧的磁场分布失去平衡。因此磁力线密度大的左侧对电弧产生推力，使电弧偏离轴线向右倾斜，即向右偏吹。反之，将导线接在右侧，则向左偏吹。

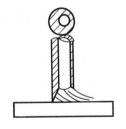
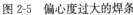

图 2-5　偏心度过大的焊条

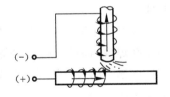

图 2-6　接地线位置引起的电弧偏吹

② 铁磁物质　由于铁磁物质（钢板、铁块等）的导磁能力远远大于空气，因此当焊接电弧周围有铁磁物质存在时（如焊接 T 形接头角焊缝），如图 2-7 所示，在靠近铁磁体一侧的磁力线大部分都通过铁磁体形成封闭曲线，使电弧同铁磁体之间的磁力线变得稀疏，而电弧另一侧则显得密集，因此电弧就向铁磁体一侧偏吹，就像铁磁体吸引电弧一样。如果钢板受热后温

度升得较高，导磁能力降低，对电弧磁偏吹的影响也就减少。

③ 焊条与焊件的位置不对称　当焊工在靠近焊件边缘处进行焊接时，经常会发生电弧的偏吹。而当焊接位置逐渐靠近焊件的中心时，则电弧的偏吹现象就逐渐减小或没有。这是由于在焊缝的端起处时，焊条与焊件所处的位置不对称，造成电弧周围的磁场分布不均衡，再加上热对流的作用，就产生了电弧偏吹，如图 2-8 所示。在焊缝的收尾处，也会有同样类似的情况。

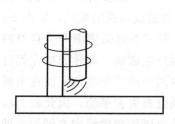 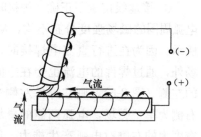

图 2-7　铁磁物质对磁偏吹的影响　　图 2-8　焊缝起头时的磁偏吹

4）生产中常采用的克服磁偏吹的方法

① 适当地改变焊件上接地线部位，尽可能使弧柱周围的磁力线均匀分布。

② 在操作中适当调节焊条角度，使焊条向偏吹一侧倾斜。

③ 在焊缝两端各加一小块附加钢板（引弧板、熄弧板）。

④ 磁偏吹的大小与焊接电流有直接关系，为了减小磁偏吹，可以适当降低焊接电流。

⑤ 采用短弧焊以及尽可能使用交流电都有利于减小磁偏吹。

2. 焊接工艺参数

焊接工艺参数是指焊接时，为保证焊接质量而选定的各个物理量。选择合适的焊接工艺参数，对提高焊接质量和生产率是十分重要的。

焊接的工艺参数主要有：焊接电源的种类和极性、焊条直径、焊接电流、焊接层次、电弧电压、焊接速度。

各种焊接方法的焊接工艺参数选择，参见后续各章。

3. 焊接接头和坡口形式

（1）焊接接头

焊接接头：用焊接方法连接的接头叫焊接接头。焊接接头包括焊缝区、熔合区和热影响区。

焊接接头的分类：焊接接头可分为对接接头、T 形接头、十字接头、搭接接头、角接接头、端接接头、套管接头、斜对接接头、卷边接头和锁底对接接头等共十种。

应用最广的四种接头是对接接头、T 型接头、角接接头和搭接接头。

1）对接接头　两焊件端面相对平行的接头叫对接接头。它是各种焊接结构中采用最多的一种接头形式，如图 2-9（a）所示。

2）T 形接头　一焊件之端面与另一焊件表面构成直角或近似直角的接头叫 T 形接头。这是一种用途仅次于对接接头的焊接接头，如图 2-9（b）所示。

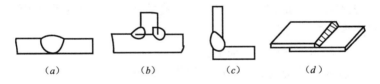

图 2-9　常见接头形式

（a）对接接头；（b）T 形接头；（c）角接接头；（d）搭接接头

3）角接接头　两焊件端面间构成大于 30°，小于 135°夹角的接头叫角接接头。这种接头受力状况不太好，常用于不重要的结构中。根据焊件厚度不同，接头形式也可分为开坡口和不开坡口两种，如图 2-9（c）所示。

4）搭接接头　两焊件部分重叠构成的接头叫搭接接头。根据结构形式对强度的要求不同，可分为如图 2-10 三种形式。不开坡口的搭接接头采用双面焊接，这种接头强度较差，很少采用。

当重叠钢板的面积较大时，为保证结构强度可分别选用图 2-10 (*b*)、(*c*) 的形式，这种接头形式特别适用于被焊结构狭小处及密闭的焊接结构。

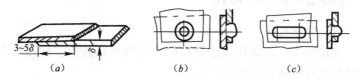

$3\sim5\delta$

(*a*)   (*b*)   (*c*)

图 2-10　搭接接头
(*a*) 不开坡口 I 形；(*b*) 圆孔内塞焊；(*c*) 卡孔内角焊

（2）坡口形式

根据设计或工艺需要，在焊件的待焊部位加工成一定几何形状的沟槽叫坡口。

坡口的作用是为了保证焊缝根部焊透，使焊接电弧能深入接头根部；在保证接头质量时，还能起到调节基体金属与填充金属比例的作用。

1）选择坡口原则：

① 能够保证工件焊透（手弧焊熔深一般为 2～4mm），且便于焊接操作。如在容器内部不便焊接的情况下，要采用单面坡口在容器的外面焊接。

② 坡口形状应容易加工。

③ 尽可能提高焊接生产率和节省焊条。

④ 尽可能减小焊后工件的变形。

2）常见坡口形式：

① V 形坡口　是最常用的坡口形式。这种坡口便于加工，焊接时为单面焊，不用翻转焊件，但焊后焊件容易产生较大变形。

② X 形坡口　是在 V 形坡口基础上发展起来的。采用 X 形坡口后，在同样厚度下，能减少焊缝金属量约 1/2，并且是对称焊接，所以焊后焊件的残余变形较小。焊接时需要翻转焊件。

③ U 形坡口　在焊件厚度相同的条件下 U 形坡口的截面积比 V 形坡口小得多，所以当焊件厚度较大，只能单面焊接时，

64

为提高生产率，可采用 U 形坡口。但这种坡口由于根部有圆弧，加工比较复杂。

另外，还有双 U 形、单边 V 形、J 形、I 形等坡口形式。

3）坡口的几何尺寸

① 坡口面 焊件上的坡口表面叫坡口面，如图 2-11 所示。

② 坡口面角度和坡口角度 焊件表面的垂直面与坡口面之间的夹角叫坡口面角度，两坡口面之间的夹角叫坡口角度，如图 2-12 所示。开单面坡口时，坡口角度等于坡口面角度，开双面对称坡口时，坡口角度等于两倍的坡口面角度。

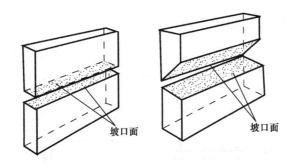

图 2-11 坡口面

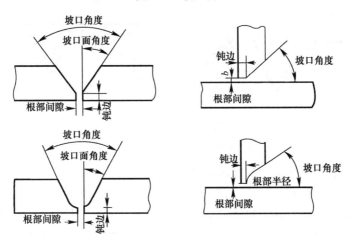

图 2-12 坡口的几何尺寸

③ 根部间隙　焊前，在焊接接头根部之间预留的空隙叫根部间隙。如图 2-12 所示。根部间隙的作用在于焊接打底焊道时，能保证根部可以焊透。

④ 钝边　焊件开坡口时，沿焊件厚度方向未开坡口的端面部分叫钝边，如图 2-12 所示。钝边的作用是防止焊缝根部焊穿。钝边尺寸要保证第一层焊缝焊透。

⑤ 根部半径　在 T 形、U 形坡口底部的半径叫根部半径，如图 2-12 所示。根部半径的作用是增大坡口根部的空间，使焊条能够伸入根部的空间，以促使根部焊透。

4. 焊接位置及操作要点

焊接时，焊件焊缝在空间所处的位置称为焊缝位置，有平焊、立焊、横焊和仰焊等。对接焊缝的焊接位置如图 2-13 所示。

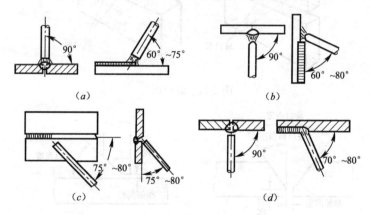

图 2-13　焊接位置
(a) 平焊；(b) 立焊；(c) 横焊；(d) 仰焊

(1) 平焊位置及操作特点

平焊位置，焊件放在水平位置，焊接电弧在焊件之上，焊工俯视焊件，这种位置的焊接称为平焊，如图 2-13（a）所示。它所在的劳动条件相对较好，易于操作、生产率高，焊接质量容易保证。

平焊的操作特点：

1）与其他空间位置的焊接比较，允许用较大直径的焊条和较大的焊接电流，生产率较高。

2）熔渣和铁水易出现混在一起的现象，焊条角度不正确时，会出现熔渣超前形成夹渣。

3）根据平焊的特点，为了获得优良焊缝，焊条角度必须掌握正确。

（2）立焊位置及操作特点

在焊件立面或倾斜面上（倾斜角度大于 45°）进行纵方向的焊接，这种位置的焊接称为立焊，如图 2-13（b）所示。立焊的方法有两种，一种从上向下焊，另一种从下向上焊，最常用的是后一种方法。立焊时，由于液态金属受重力作用容易下坠而形成焊瘤，同时熔池金属和熔渣易分离造成熔池部分脱离熔渣保护，操作或运条角度不当，容易产生气孔。

立焊的操作特点：

1）宜采用较细的焊条和较小的焊接电流（比平焊时小 10%～15%），减小熔池的体积，从而减少熔池内金属的下淌。

2）采用短弧焊接。利于熔滴过渡和对熔池的保护。

3）焊接时尽量缩短电弧对工件加热时间，不要过长地停留在某点上。可采用挑弧运条法，当电弧在焊件上形成熔池后，把焊条移开，使电弧暂时离开熔池（不灭弧），有利于熔敷金属的冷却凝固，然后再把焊条移回来。

4）正确选择焊条角度（左右方向为 90°，与下方垂直平面成 60°～80°）利用电弧的吹力有利于熔滴过渡和托住熔池金属。

5）一般采用由下向上焊，焊薄件（小于 3mm）也可以由上向下焊。

（3）横焊位置及操作要点

在焊件的立面或倾斜面（倾斜角度大于 45°）进行横方向的焊接，称为横焊，如图 2-13（c）所示。横焊时由于熔池里液态金属在自重作用下易下淌，容易在焊缝下侧产生焊瘤，容易在焊缝上侧产生咬边等缺陷。

横焊的操作特点：

1) 熔池内的熔化金属受重力作用而外溢往下流易造成未熔合、夹渣和焊瘤等缺陷，应选用较小直径的焊条、较小的焊接电流（比平焊时小 5％～10％）；采用多层多道焊；短弧操作。

2) 选择合适的焊条角度。焊条与垂直焊件平面保持角度（75°～80°）。由于上坡口的温度高于下坡口，当熔滴加在上坡口时，上坡口处不做稳弧动作。迅速带至下坡口根部上而形成焊缝，做微小的横移稳弧动作。

3) 坡口应留有间隙。因为无间隙不易焊透铁水易下淌。但间隙不宜过大。坡口小时，可增大焊条倾角；间隙大时可减小焊条倾角。

(4) 仰焊位置及操作要点

焊接电弧位于焊件下方，焊工仰视焊件进行的焊接，这种焊接称为仰焊，如图 2-13 (*d*) 所示。仰焊时，由于焊池的液体金属受重力的作用容易下滴，焊缝成形困难。此外，焊工操作时容易疲劳，强烈的电弧和火花、熔渣飞溅，熔化金属下滴，稍有不慎会造成焊工的人身伤害。仰焊的生产率低，是各种焊接位置中最难施行的一种焊接方法。

仰焊位置的操作要点：

1) 选用较小直径的焊条和较小焊接电流（比平焊时小 5％～10％），尽量缩小熔池的体积；否则熔池体积过大容易造成熔化金属向下垂落。

2) 采用短弧焊接，使熔滴尽快过渡，并依靠表面张力与熔化的基本金属熔合，打底焊时采用断弧焊接方法，运条操作时给一个向上顶的力，即焊条顶住坡口下边缘处，借助电弧吹力击穿坡口钝边形成熔孔和熔池，此时迅速熄弧。待熔池边缘变成暗红色时，立即在熔池 2/3 的地方引燃电弧，引燃电弧的同时，焊条顶住熔池向前拉到钝边下边缘处，形成新的熔孔和熔池后迅速熄弧，使新熔池覆盖旧熔池 1/3 左右，直至焊完，特别要注意控制好电弧燃烧时间。填充焊和盖面焊的焊接方法为连弧焊。

3）焊条的角度。焊条与焊接方向保持 70°～80°角，与焊缝两侧成 90°。

5. 焊接变形和应力

焊接过程中焊件局部的不均匀的加热、冷却；金属的熔化、凝固；焊缝部分由高温到常温金属组织的变化等是焊件产生变形和焊件内部产生应力的原因。

(1) 焊接变形

1）焊接变形的类型

① 收缩变形。沿焊缝长度方向的缩短叫纵向缩短；垂直焊缝长度方向的缩短叫横向缩短，如图 2-14（a）所示。

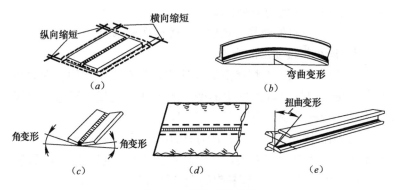

图 2-14 焊接变形类型

（a）收缩变形；（b）弯曲变形；（c）角变形；（d）波浪变形；（e）扭曲变形

② 弯曲变形。由结构上焊缝布置的不对称或断面形状不对称，焊缝的纵向收缩或横向收缩引起，如图 2-14（b）所示。

③ 角变形。由于焊接区沿板材厚度方向不均匀的横向收缩引起，如图 2-14（c）所示。

④ 波浪变形。薄板焊接，因不均匀加热，焊后产生的变形，或由几条平行的角焊缝横向收缩引起的波浪状变形，也可称翘

曲变形，如图 2-14 （*d*）所示。

⑤ 扭曲变形。与构件焊缝角变形沿长度方向的不均匀性及工件纵向错边有关，如图 2-14 （*e*）所示。

2）影响焊接变形的主要因素

① 焊缝在结构中的位置。这是弯曲变形的主要原因。

② 焊缝长度和坡口形式。焊缝截面越大，焊缝长度越长，则引起的变形越大。

③ 焊件或焊接结构的刚性。刚性是指抵抗变形的能力。刚性越大，变形越小。如板材越厚、越短刚性就大，焊接时变形就小。对于一个焊接结构，结构刚性越大，焊接后变形就越小。一般来说，结构总体刚性比部件刚性大。因此采用总体装配后再进行焊接可以减小变形。

④ 焊接工艺参数的影响。焊接变形随焊接电流的增大而增大；随着焊接速度的加快而减小。

⑤ 焊接材料的膨胀系数越大，焊后变形越大。

3）减小焊接变形的措施

① 反变形法。在焊接前对焊件施加具有大小相同、方向相反的变形，以抵消焊后发生的变形的方法称为反变形法。主要用来减小板的角变形和梁的弯曲变形。

② 刚性固定法。当焊件刚性较小时，利用外加刚性约束来减小焊件焊后变形的方法，称为刚性固定法。刚性固定法焊后残余应力大，不适用于容易裂的金属材料和结构的焊接。

③ 选择合理的装焊顺序。尽量采用整体装配后再进行焊接的方法。合理的焊接方向和顺序。当结构具有对称布置的焊缝时，应尽量采用对称焊接，采用相同的工艺参数同时施焊。

④ 选择合理的焊接方法和焊接参数。例如采用 CO_2 气体保护焊、等离子弧代替气焊和焊条电弧焊。再如，采用较小的焊接电流、较快的焊接速度来施焊。

（2）减小焊接残余应力的措施

1）采用合理的焊接顺序和方向。尽量使焊缝的收缩比较自由，不受较大约束；先焊结构中收缩量最大的焊缝等。

2）小的焊接电流、快的焊接速度，减小能量的输入。

3）采用整体预热法。减小由于焊接加热引起的温差。

4）锤击法。焊接每条焊道后，用小锤迅速均匀地敲击焊缝金属，使其横向有一定的展宽，可以减小焊接变形和残余应力。

5）焊后热处理。采取缓冷、退火等方法。

(3) 焊接变形的矫正方法

1）机械矫正法。利用机械力来矫正变形，如锤击或用压力机、拉紧螺旋、千斤顶等。

2）火焰矫正法。将变形构件局部加热到 600～800℃，然后让其自然冷却或强制冷却。有点状加热矫正、线状加热矫正和三角形加热矫正等。

6. 焊接缺陷及预防措施

焊接缺陷是指焊接过程中在焊接接头中产生的金属不连续、不致密或连接不良的现象。

焊条电弧焊常见的焊接缺陷有裂纹、气孔、夹渣、咬边、未熔合和未焊透、烧穿、焊瘤等。

(1) 焊接缺陷的危害

焊接缺陷的存在对于焊接结构来说是很危险的，它直接影响着构件的安全运行和使用寿命，严重的会导致结构的开裂或脆断。

1）开裂

在焊接接头中，凡是结构截面有突然变化的部位，其应力的分布就特别不均匀，某点的应力值可能比平均应力值大许多倍，这种现象称为应力集中。在焊缝中存在的焊接缺陷是产生应力集中的主要原因。如焊缝中的裂纹、咬边、未焊透、气孔、夹渣等不仅减小了有效承载面积，削弱了焊缝强度，更严重的是在焊缝或焊缝附近造成缺口，由此而产生很大的应力集中。当应力值超过缺陷前端部位金属材料的断裂强度时材料就开裂，接着新开裂的端部又产生应力集中，使原缺陷不断扩展，直至产品断裂。

2）脆断

根据国内外大量脆断事故的分析发现，脆断总是从焊接接头中的缺陷开始。脆断是一种很危险的破坏形式。因为脆性断裂是一种低应力断裂，是结构在没有塑性变形情况下产生的快速突发性断裂，其危害性很大。防止结构脆断的重要措施之一是尽量避免和控制焊接缺陷。

根据破坏事故的现场分析表明，焊接缺陷中危害最大的是裂纹、未焊透、未熔合、咬边等。

（2）焊接缺陷产生的原因和预防措施

1）裂纹

裂纹是指焊缝局部区域的金属原子结合力遭到破坏而形成新界面所产生的缝隙。根据产生裂纹的温度及原因，焊接裂纹可分为热裂纹、冷裂纹等。

① 热裂纹。热裂纹是指焊缝和热影响区金属冷却到凝固温度附近的高温区所产生的裂纹。热裂纹是由于母材或焊材中有害杂质元素，如 S、P 的存在和焊接应力等造成的。预防措施主要是采用碱性焊条（药皮成分有脱硫作用）、选择合适的焊接材料（限制硫、磷和碳的含量）和焊接工艺、采取减小焊接应力等。

② 冷裂纹和延迟裂纹。冷裂纹是指焊缝冷却到较低温度（钢材在 $200\sim300℃$ 以下）时产生的焊接裂纹。这种裂纹有时会延迟到几小时或几天、一两个月才出现。焊缝冷却到室温，并在一定时间后才出现的裂纹称为延迟裂纹。冷裂纹和延迟裂纹是由于焊缝金属生成有淬硬组织、氢的析出和焊接应力等原因造成的。预防措施主要有：采用碱性焊条（低氢），按规定严格烘干；仔细清除坡口两侧油污、锈、水；焊件的焊前预热、焊后缓冷和热处理；采取措施减小焊接应力等。

2）气孔。焊接时，熔池中的气泡在凝固时未能及时逸出而残留下来所形成的空穴叫做气孔。按气体成分分为氢气孔、氮气孔及一氧化碳气孔。防止措施主要有：焊前将焊条和坡口及其两侧 20～30mm 范围内的焊件表面清理干净；焊条按规定进行烘干，不得使用药皮开裂、剥落、变质偏心或焊芯锈蚀的焊条；焊接电流适当、焊接速度不宜过快；碱性焊条施焊时应采用短弧焊等。

3）夹渣。焊后残留在焊缝中的焊渣称为夹渣。夹渣是由于焊接电流太小、焊接速度过快或冷却速度过快熔渣来不及上浮、除锈清渣不干净等原因造成的。夹渣的存在会降低焊缝的强度，通常在保证焊缝强度和致密性的前提下，允许有一定程度的夹渣。预防措施：认真清除锈皮，多层多道焊时做好层间清理工作；正确选择焊接电流，掌握好焊接速度和运条方法，使熔渣能顺利浮出。

4）咬边。咬边是指焊缝两侧与基本金属交界处形成凹槽，如图 2-15 所示。咬边是由于焊接电流太大；焊条角度不当；或运条方法不对、在焊缝两侧停留时间过长等原因造成的。

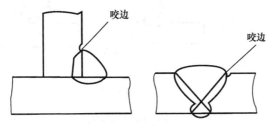

图 2-15　咬边

咬边是一种较危险的缺陷，它不但减少了基本金属的有效截面积，而且在咬边处还会造成应力集中。特别是焊接低合金结构钢时，咬边的边缘被淬硬，常常是焊接裂纹的发源地。因此，重要结构的焊接接头不允许存在咬边，或者规定咬边深度在一定数值之下（如 0.5mm），否则就应进行焊补修磨。防止咬边的措施：选择正确的焊接电流及焊接速度，电弧不能拉得过长，掌握正确的运条方法和角度。

5) 未熔合与未焊透。

未熔合是指熔焊时，焊道与母材之间或焊道与焊道之间，未完全熔化结合的部分，如图 2-16 所示。

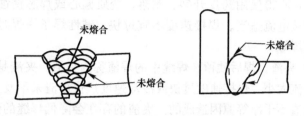

图 2-16　未熔合

未焊透是指焊接时接头根部未完全熔透的现象。对于对接接头也指焊缝深度未达到设计要求的现象，如图 2-17 所示。根据未焊透产生的部位，可分为根部未焊透、边缘未焊透、中间未焊透和层间未焊透。

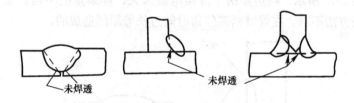

图 2-17　未焊透

未熔合与未焊透是一种比较严重的焊接缺陷，它使焊缝强度降低，引起应力集中，因此大部分结构中是不允许存在的。防止措施：正确选用坡口形式和保证装配间隙；认真清理坡口及两侧污物；正确选择焊接电流和焊接速度；认真操作、防止焊偏，注意调整焊条角度，使熔化金属和基本金属充分熔合；不使用偏心焊条，直流焊接时减小磁偏吹。

6) 烧穿。烧穿是指部分熔化金属从焊缝背面漏出形成通洞。烧穿是由于焊接电流太大；焊速过慢；电弧在焊缝某处停留时间过长；或间隙过大、钝边过小等原因造成的。预防措施：

正确选择焊接电流；掌握合适的焊接速度；运条均匀；坡口尺寸应合理。

7）焊瘤。焊瘤是指正常焊缝以外的多余焊着金属。焊瘤是由于熔池温度过高使液态金属凝固较慢在其自重作用下而下淌形成。熔池温度过高的原因是焊接电流偏大及焊接速度太慢。在立焊、平焊、仰焊时如果运条动作慢，就会明显地产生熔敷金属的下坠形成焊瘤。防止措施：选择较小的焊接电流、焊接速度不能过慢；运条均匀控制好熔池；坡口间隙处停留时间不宜过长等。

8）焊缝尺寸不符合要求。主要是指焊缝余高和余高差、焊脚高度、焊缝宽度和宽度差、错边量、焊后变形量等不符合标准规定的尺寸。

产生焊缝尺寸不符合要求的原因，主要有工件坡口角度不当；装配间隙不均匀；焊接电流过大或过小；焊工操作不熟练，运条方法不当，焊接角度不当等。

预防措施主要有：正确选用坡口角度和装配间隙；正确选择焊接电流；提高焊工操作技能；角焊缝时随时注意保持正确的焊条角度和焊接速度等。

（六）电弧焊接与切割安全操作规程

1. 安全操作规程

指定操作或维修弧焊设备的作业人员必须了解、掌握并遵守有关设备安全操作规程及作业标准。此外，还必须熟知本标准的有关安全要求（诸如人员防护、通风、防火等内容）。

2. 连线的检查

完成焊机的接线之后，在开始操作设备之前必须检查一下每个安装的接头以确认其连接良好。其内容包括：

线路连接正确合理，接地必须符合规定要求；

磁性工件夹爪在其接触面上不得有附着的金属颗粒及飞溅物；

盘卷的焊接电缆在使用之前应展开，以免过热及绝缘损坏；

需要交替使用不同长度电缆时应配备绝缘接头，以确保不需要时无用的长度可被断开。

3. 泄漏

不得有影响焊工安全的任何冷却水、保护气或机油的泄漏。

4. 工作中止

当焊接工作中止时（如工间休息），必须关闭设备或焊机的输出端或者切断电源。

5. 移动焊机

需要移动焊机时，必须首先切断其输入端的电源。

6. 不使用的设备

金属焊条和碳极在不用时必须从焊钳上取下以消除人员或导电物体的触电危险。焊钳在不使用时必须置于与人员、导电体、易燃物体或压缩空气瓶接触不到的地方。半自动焊机的焊枪在不使用时亦必须妥善放置以免使枪体开关意外启动。

7. 电击

在有电气危险的条件下进行电弧焊接或切割时，操作人员必须注意遵守下述原则：

（1）带电金属部件

禁止焊条或焊钳上带电金属部件与身体相接触。

（2）绝缘

焊工必须用干燥的绝缘材料保护自己免除与工件或地面可

能产生的电接触。在坐位或俯位工作时，必须采用绝缘方法防止与导电体的大面积接触。

（3）手套

要求使用状态良好的、足够干燥的手套。

（4）焊钳和焊枪

焊钳必须具备良好的绝缘性能和隔热性能，并且维修正常。

如果枪体漏水或渗水会严重威胁焊工安全时，禁止使用水冷式焊枪。

（5）水浸

焊钳不得在水中浸透冷却。

（6）更换电极

更换电极或喷嘴时，必须关闭焊机的输出端。

（7）其他禁止的行为

三、焊条电弧焊

（一）焊条电弧焊的设备和使用

1. 电弧焊电源的基本要求

（1）对空载电压的要求

当焊机接通电网而输出端没有接负载（即没有电弧时），焊接电流为零，此时输出端的电压称为空载电压，常用 $U_空$ 表示，在确定空载电压的数值时，应考虑以下几个方面：

1）电弧的燃烧稳定 引弧时必须有较高的空载电压，才能使两极间高电阻的接触处击穿。空载电压太低，引弧将发生困难，电弧燃烧也不够稳定。

2）经济性 电源的额定容量和空载电压成正比，空载电压越高，则电源容量越大，制造成本越高。

3）安全性 过高的空载电压会危及焊工的安全。因此，我国有关标准中规定最大空载电压 $U_{空最大}$ 如下：

弧焊变压器　$U_{空最大} \leqslant 80V$

弧焊整流器　$U_{空最大} \leqslant 90V$

（2）对焊接电流的要求

当电极和焊件短路时，电压为零，此时焊机的输出电流称作短路电流，常用 $I_短$ 来表示，在引弧和熔滴过渡时经常发生短路。如果短路电流过大，电源将出现过载而有烧坏的危险，同时还会使得焊条过热，药皮脱落，并使飞溅增加。但是如果短路电流太小，则会使引弧和熔滴过渡发生困难，因此短路电流值应满足以下要求：

$$1.25 < \frac{I_{短}}{I_{工}} < 2 \qquad (3\text{-}1)$$

式中　$I_{工}$——工作电流（A）；

　　　$I_{短}$——短路电流（A）。

(3) 对电源外特性的要求

焊接电源输出电压与输出电流之间的关系称为电源的外特性，外特性用曲线来表示，称之为外特性曲线。

弧焊电源外特性曲线的形状对电弧及焊接参数的稳定性有重要的影响。在弧焊时，弧焊电源供电，电弧作为用电负载，电源-电弧构成一个电力系统。为保证电源-电弧系统的稳定性，必须使弧焊电源外特性曲线的形状与电弧静特性曲线的形状作适当的配合。

弧焊电源外特性曲线有若干种，如图3-1所示，可供不同的弧焊方法及工作条件选用。

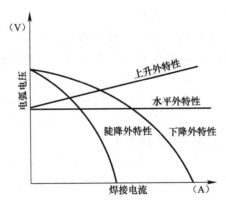

图3-1　电源外特性曲线

电弧的静特性曲线与电源的外特性曲线的交点就是电弧燃烧的工作点。焊条电弧焊时要采用具有陡降外特性的电源。因为焊条电弧焊时，电弧的静特性曲线呈L型。当焊工由于手的抖动，引起弧长变化时，焊接电流也随之变化，当采用陡降的外特性电源时，同样的弧长变化，它所引起的焊接电流变化比缓降外特性或平特性要小得多，有利于保持焊接电流的稳定，从而使焊接过程稳定，如图 3-2 所示。

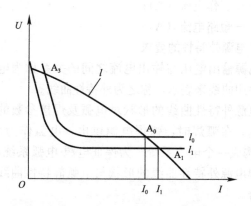

图 3-2　焊条电弧焊稳定工作条件

注：l—电源外特性曲线，l_0、l_1—电弧静特性曲线

（4）对电源动特性的要求

焊接过程中，电弧总在不断地变化。弧焊电源的动特性，就是指弧焊电源对焊接电弧这样的动负载所输出的电流和电压与时间的关系。它是用来表示弧焊电源对负载瞬变的反应能力。弧焊电源动特性对电弧稳定性、熔滴过渡、飞溅及焊缝成型等有很大影响，它是直流弧焊电源的一项重要技术指标。

（5）对电源调节特性的要求

当弧长一定时，每一条电源外特性曲线和电弧静特性曲线的交点中，只有一个稳定工作点，即只有一个对应的电流值和电压值。

所以，选用不同的焊接工艺时，要求电源能够通过调节，得出不同的电源外特性曲线，即要求电源具有良好的调节特性。

2. 焊机的型号及技术指标

（1）焊机型号

按《电焊机型号编制方法》GB/T 10249—2010，焊机型号采用汉语拼音字母及阿拉伯数字组成。

电焊机产品型号编排秩序如下：

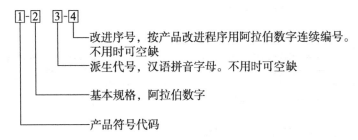

产品符号代码的编排秩序

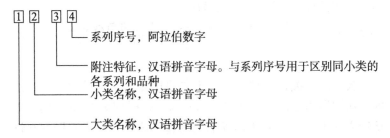

1）产品符号代码各项表示法如下：

① 大类名称：B表示弧焊变压器；Z表示弧焊整流器；M表示埋弧焊机；H表示电渣焊机；D表示点焊机；U表示对焊机等。

② 小类名称：对于电弧焊焊机：X表示下降特性，P表示平特性。对于对焊机：N表示工频。对于电渣焊机：Y表示压力焊。

③ 附注特征　例如弧焊变压器用L表示高空载电压；不用时可以不用。

④ 系列序号　同小类中区别不同系列以数字表示。例如电弧焊变压器类以"1"表示动铁系列，"3"表示动圈系列。不用时可以不用。

2）电焊机基本规格表示法

① 弧焊变压器、弧焊整流器类，以数字表示额定焊接电流（A）。

② 电阻对焊机、闪光对焊机类，以数字表示在额定负载持续率下的标称输入视在功率（kVA）。

电焊机型号示例如下：

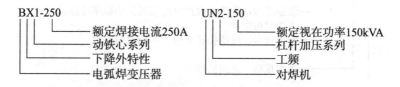

（2）焊机的主要技术指标

1）负载持续率　焊机负载的时间占选定工作时间的百分率称为负载持续率，用公式表示为：

$$负载持续率 = \frac{在选定的工作时间周期内焊机负载时间}{选定的工作时间周期} \times 100\%$$

(3-2)

我国的有关标准规定，对于主要用作手工焊的焊机，选定的工作周期为 5min，如果在 5min 内焊接时间为 3min，则负载持续率即为 60％。对于不同的负载持续率，焊机有不同的允许使用的最大焊接电流值。

2）额定值　是指对电源规定的使用限额，如电压、电流及功率的限额。按规定值使用设备是最经济合理、安全可靠的。超过规定值工作时，称为过载，严重过载将使设备损坏。

总之，使用焊机应根据其负载持续率和额定值选择工艺参数和时间。

3. 常用交、直流弧焊机的构造和使用方法

（1）常用交流弧焊机的构造

弧焊变压器是一种具有下降外特性的降压变压器，通常又称为交流弧焊机。获得下降外特性的方法是在焊接回路中串一可调电感，如图 3-3 所示，此电感可以是一个独立的电抗器，也可以利用弧焊变压器本身的漏感来代替。

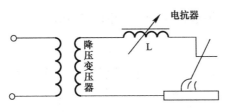

图 3-3 弧焊变压器工作原理

常用国产弧焊变压器型号见表 3-1。

弧焊变压器的型号　　　　　　　　　　表 3-1

类型	形式	国产常用牌号
串联电抗器类	分体式	BP
	同体式	BX—500 BX2—500，700，1000
增强漏感类	动铁心式	BX1—135，300，500
	动圈式	BX3—300，500 BX3—1—300，500
	抽头式	BX6—120，160

1）分体式弧焊机

这类弧焊变压器分别由一台独立的降压变压器和一台独立的电抗器组成。其结构原理如图 3-3 所示。

2）同体式弧焊机

焊机由一台具有平特性的降压变压器上面叠加一个电抗器组成，如图 3-4 所示，变压器与电抗器有一个共同的磁轭，使结构变得紧凑。

3）动铁漏磁式弧焊机

焊机由一台初次级绕组分别绕在两边心柱上的变压器，中间

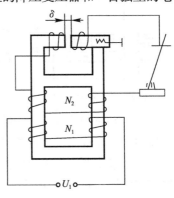

图 3-4　同体式弧焊变
压器结构原理

再插入一个活动铁心所组成，如图 3-5 所示。

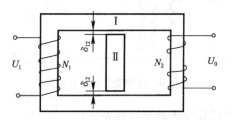

图 3-5　动铁漏磁式弧焊变压器结构原理

4）动圈式弧焊机

焊机有一个高而窄的口字形铁心，目的是为了保证初、次级线圈之间的距离 δ_{12} 有足够的变化范围，如图 3-6 所示。初级和次级线圈都分别做成匝数相同的两组，用夹板夹成一体。次级可有丝杆带动上下移动，改变 δ_{12} 的距离。

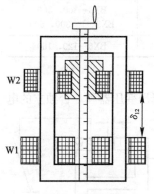

图 3-6　动圈式弧焊
变压器结构原理图

5）抽头式弧焊机

焊机的结构如图 3-7 所示。其工作原理与动圈式弧焊变压器相似。初级线圈分绕在口字形铁心的两个心柱上，两次级线圈仅绕在一个心柱上。所以初、次级线圈之间产生较大的漏磁，从而获得下降的外特性。电流调节是有级的。

（2）常用直流弧焊机

1）硅整流焊机　硅整流焊机的外特性调节机构有机械调节和磁放大器两种。磁放大器式硅整流焊机由三相降压变压器、磁饱和电抗器、整流器组、输出电抗器、通风及控制系统等部分组成。磁饱和电抗器相当一个很大的电感，空载时无电流通过，因此不产生压降，电源输出较高的空载电压。焊接时电流越大，在磁饱和电抗器上的压降越大，从而使电源获得陡降的外特性。

硅整流焊机原理图如图 3-8 所示。

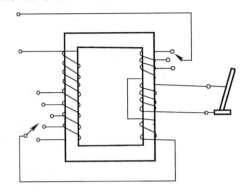

图 3-7　抽头式弧焊变压器结构原理

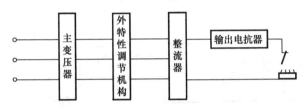

图 3-8　硅整流焊机原理

机械调节的硅整流焊机有动铁心式的 ZX1-320，动圈式的 ZX3 系列。磁放大器的硅整流焊机有 ZX 系列如 ZX-160、ZX-250、ZX-300、ZX-400 和 ZX-500。

2）晶闸管弧焊机　由电源系统、触发系统、控制系统和反馈系统等几部分组成。电流负反馈电路和电压负反馈电路均由集成运算放大器构成，电流负反馈电路使弧焊机获得陡降外特性，动特性十分理想。

ZX5-400 型晶闸管式弧焊整流器组成及原理，如图 3-9 所示。

目前国产品晶闸管式弧焊整流器主要是 ZX5 系列，主要有 ZX5-250、ZX5-300 和 ZX5-400。

3）逆变式弧焊机　由单相或三相全波整流器、逆变器、降压变压器、低压整流器、电抗器组成。整机闭环控制，改善了焊接性能。逆变式弧焊电源的基本工作原理图，见图 3-10。

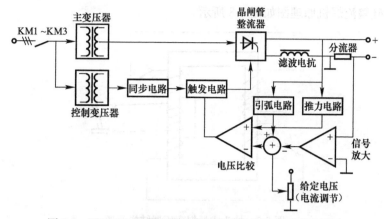

图 3-9　ZX5-400 型晶闸管式弧焊整流器的组成及原理框图

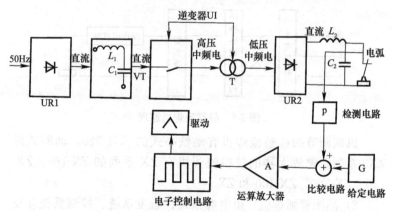

图 3-10　逆变式弧焊电源的基本工作原理

目前，我国生产的逆变式弧焊电源主要是 ZX7 系列，其型号有 ZX7-160 到 ZX7-630 多种规格型号。

（二）焊条电弧焊工艺参数

1. 焊条种类和牌号的选择

主要根据母材的性能、接头的刚性和工作条件选择焊条，焊接一般碳钢和低合金钢主要是按等强度原则选择焊条的强度级别，对一般结构选用酸性焊条，重要结构选用碱性焊条。

2. 焊接电源种类和极性的选择

手弧焊时采用的电源有交流和直流两大类，根据焊条的性质进行选择。通常，酸性焊条可采用交流或直流两种电源，一般优先选用交流弧焊机。碱性焊条由于电弧稳定性差，所以必须使用直流弧焊机，对药皮中含有较多稳弧剂的焊条，亦可使用交流弧焊机，但此时电源的空载电压应较高些。

采用直流电源时，焊件与电源输出端正、负极的接法，叫极性。

焊件接电源正极，焊条接电源负极的接线法叫正接，也称正极性。

焊件接电源负极，焊条接电源正极的接线法叫反接，也称反极性。

极性的选择原则：

（1）碱性焊条常采用反接，因为碱性焊条正接时，电弧燃烧不稳定，飞溅严重，噪声大。而使用反接时，电弧燃烧稳定，飞溅很小，而且声音较平静均匀。

（2）酸性焊条如使用直流电源时通常采用正接。因为阳极部分的温度高于阴极部分，所以用正接可以得到较大的熔深，因此，焊接厚钢板时可采用正接，而焊接薄板、铸铁、有色金属时，应采用反接。

3. 焊条直径

可根据焊件厚度进行选择。厚度越大，选用的焊条直径应越粗，见表3-2。但厚板对接接头坡口打底焊时要选用较细焊条，另外接头形式不同，焊缝空间位置不同，焊条直径也有所不同：如T形接头应比对接接头使用的焊条粗些，立焊、横焊等空间位置比平焊时所选用的应细一些。立焊最大直径不超过5mm，横焊仰焊直径不超过4mm。

焊条直径与焊件厚度的关系（mm） 　　　　表 3-2

焊件厚度	2	3	4～5	6～12	＞13
焊条直径	2	3.2	3.2～4	4～5	4～6

4. 焊接电流的选择

　　焊接电流是焊条电弧焊最重要的工艺参数，也是焊工在操作过程中唯一需要调节的参数，而焊接速度和电弧电压都是由焊工控制的。选择焊接电流时，要考虑的因素很多，如焊条直径、药皮类型、工件厚度、接头类型、焊接位置、焊道层次等。但主要由焊条直径、焊接位置和焊道层次来决定。

　　（1）焊条直径　焊条直径越粗，焊接电流越大，每种直径的焊条都有一个最合适的电流范围，见表 3-3。

各种直径焊条使用电流的参考值 　　　　表 3-3

焊条直径（mm）	1.6	2.0	2.5	3.2	4.0	5.0	6.0
焊接电流（A）	25～40	40～65	50～80	100～130	160～210	260～270	260～300

　　（2）焊接位置　在平焊位置焊接时，可选择偏大些的焊接电流。横、立、仰焊位置焊接时，焊接电流应比平焊位置小 $10\%～20\%$。角焊电流比平焊电流稍大些。

　　（3）焊道层次　通常焊接打底焊道时，特别是焊接单面焊双面成形的焊道时，使用的焊接电流要小，这样才便于操作和保证背面焊道的质量；焊填充焊道时，为提高效率，通常使用较大的焊接电流；而焊盖面焊道时，为防止咬边和获得较美观的焊缝，使用的电流稍小些。

　　另外，碱性焊条选用的焊接电流比酸性焊条小 10% 左右。不锈钢焊条比碳钢焊条选用电流小 20% 左右等。

　　总之，电流过大过小都易产生焊接缺陷。电流过大时，焊条易发红，使药皮变质，而且易造成咬边、弧坑等缺陷，同时还会使焊缝过热，促使晶粒粗大。

5. 电弧电压

手弧焊时，电弧电压是由焊工根据具体情况灵活掌握的，其原则一是保证焊缝具有合乎要求的尺寸和外形，二是保证焊透。

电弧电压主要决定于弧长。电弧长，电弧电压高；反之，则低。在焊接过程中，一般希望弧长始终保持一致，而且尽可能用短弧焊接。所谓短弧是指弧长为焊条直径的 0.5～1.0 倍，超过这个限度即为长弧。

6. 焊接速度与热输入焊接速度是 cm/s

熔焊时，由焊接能源输入给单位长度焊缝的能量。焊接线能量也称为热输入，单位为 J/s。热输入是一个综合焊接电流、电弧电压和焊接速度的工艺参数，更能反映这些焊接参数对焊缝性能的综合影响。热输入越大，焊接接头处在高温区停留的时间越长，焊后冷却速度也变慢；反之，则相反。

7. 焊接层数的选择

在厚板焊接时，必须采用多层焊或多层多道焊。多层焊的前一条焊道对后一条焊道起预热作用，而后一条焊道对前一条焊道起热处理作用（退火或缓冷），有利于提高焊缝金属的塑性和韧性。每层焊道厚度不大于 4～5mm。

（三）焊条电弧焊安全

1. 焊条电弧焊的安全特点

（1）在电焊操作中，焊工时刻可能与电相接触。触电是焊条电弧焊的主要危险。主要危险因素有：

1）焊接电源为 220/380V 电力线路，人体一旦接触裸露的电器线路（如焊机的插座、开关或破损的电源线等），就很危险。

2）焊机和电缆绝缘的老化变质，容易出现焊机和电缆的漏电现象，而发生触电事故。电缆的截面要求根据电焊机额定输出电流和电缆长度选用（表3-4）。

焊接电缆截面与最大焊接电流和电缆长度的关系　表3-4

导线截面面积/mm²　电缆长度/m 最大焊接电流/A	15	30	45
200	30	50	60
300	50	60	80
400	50	80	100
600	60	100	—

3）焊机的空载电压大多超过安全电压，但是由于电压不是很高容易被人忽视。在不利条件下（如阴雨天、出汗、环境潮湿或水下电焊等）会造成触电伤亡。

4）焊工的带电操作机会多，诸如更换焊条、调节焊接电流、整理工件等，易造成触电事故。

（2）电焊作业中可能发生火灾、爆炸和灼伤事故。

火灾、爆炸和灼烫事故。主要有焊机和线路的超负荷、短路、接触电阻过大等引起的电气火灾；在操作点附近或高空作业点下方，存放有可燃易爆物品，由于电火花和火星飞溅等引起的火灾和爆炸；燃料容器（如油罐、气柜等）和管道的检修焊补，容易发生火灾和爆炸等严重事故。以上的火灾和爆炸事故及操作中的火花飞溅，都可能造成灼烫伤亡事故。

2. 焊条电弧焊安全要求

为在实施焊接、切割操作过程中避免人身伤害及财产损失必须遵循国家标准《焊接与切割安全》GB 9448—1999所规定的基本原则，必须做到以下各点：

（1）焊接操作人员必须持有焊工考试合格证，才能上岗操作。工作时，严格遵守和执行安全操作规程。

（2）焊接工作开始前，应先检查电焊设备和工具等是否安全可靠。

1）弧焊设备外露的带电部分必须设置完好的保护，以防人员或金属物体（如：货车、起重机的吊钩）与之相接触。

2）检查内容包括焊机外壳有无接地或接零装置、装置必须连接良好；禁止使用氧气、乙炔等易燃易爆气体管道作为接地装置；在有接地或接零装置的焊件上进行弧焊操作，或焊接与大地密切连接的焊件（如：管道、房屋的金属支架等）时，应特别注意避免焊机和工件的双重接地。

3）焊接线路各接线点的接触是否良好。

4）构成焊接回路的焊接电缆必须适合于焊接的实际操作条件；焊接电缆的绝缘外皮必须完整、绝缘良好（绝缘电阻大于$1M\Omega$）。用于高频、高压振荡器设备的电缆，必须具有相应的绝缘性能。

5）构成焊接回路的电缆禁止搭在气瓶等易燃品上，禁止与油脂等易燃物质接触。盘卷的焊接电缆在使用之前应展开以免过热及绝缘损坏，在经过通道、马路时，必须采取保护措施（如：使用保护套）。

6）能导电的物体（如：管道、轨道、金属支架、暖气设备等）不得用作焊接回路的永久部分。但在建造、延长或维修时可以考虑作为临时使用，其前提是必须经检查确认所有接头处的电气连接良好，任何部位不会出现火花或过热。此外，必须采取特殊措施以防事故的发生。锁链、钢丝绳、起重机、卷扬机或升降机不得用来传输焊接电流。

7）检查在施工现场不得有影响焊工安全的任何冷却水、保护气或机油的泄漏等。

一切符合要求后，在获得现场管理及监督者准许的前提下，才可开始焊接操作。不允许未经检查就开始工作。

（3）焊工的手和身体不得随便接触二次回路的导电体。

二次回路的导电体如焊条、焊钳上带电金属部件等，特别是在夏天身体出汗、衣服湿透等情况下更为危险。焊工必须用干燥的绝缘材料保护自己免除与工件或地面可能产生的电接触。在坐位或俯位工作时，必须采用绝缘方法防止与导电体的大面积接触。

要求焊工使用状态良好的、足够干燥的手套。

使用的焊钳必须具备良好的绝缘性能和隔热性能，并且维修正常。焊钳不得在水中浸透冷却。

焊工不得将焊接电缆缠绕在身上。

在狭小空间、容器、管道内的焊接作业，更需注意避免触电。对于焊机空载电压较高的焊接操作，以及在潮湿工作地点的操作，应在操作点附近地面上铺设橡胶绝缘垫。

当焊接工作中止时（如：工间休息），必须关闭设备或焊机的输出端或者切断电源。金属焊条和碳极在不用时必须从焊钳上取下，以消除触电危险。焊钳在不使用时必须置于与人员、导电体、易燃物体或压缩空气瓶接触不到的地方。

（4）下列操作应该切断电源开关才能进行：

1）转移工作地点搬动焊机。

2）更换熔丝。

3）焊机发生故障的检修。

4）改变焊机接头。

5）更换焊件而需改装二次回路的布设等。

接通或断开刀开关时，必须戴绝缘手套。同时焊工头部需偏斜，以防电弧火花灼伤脸部。

（5）在触电危险性大的环境下的安全措施。

在金属容器内（如油槽、气柜、锅炉、管道等）、金属结构上以及其他狭小工作场所焊接时，触电的危险性最大。必须采取专门的防护措施：

1）采用橡胶垫、戴绝缘手套、穿绝缘鞋等，以保障焊工身体与焊件间的绝缘。

2）并且要采取两人轮换工作制，以便互相照顾，或设一名监护人员，随时注意焊工的安全动态，遇有危险情况时，可立即切断电源，进行抢救。

3）使用行灯的电压不应超过 36V 或 12V。

（6）电焊操作者必须注意，在任何情况下都不得使自身、机器设备的传动部分或动物等成为焊接电路，以防焊接电流造成人身伤害或设备事故等。

案例：某建筑工地有位焊工，坐在金属构架上休息，弧焊变压器二次回路的一端连着构件。他手拿焊钳，用烧红的焊条头点烟，电流通过人体，遭电击。

（7）焊接与切割操作中，应注意防止由于热传导作用，使工程结构和设备的可燃保温材料发生着火事故。

（8）焊接工作点周围 10m 内的，必须清除一切可燃易爆物品。

（9）加强个人防护。包括完好的工作服、绝缘手套、绝缘鞋及垫板等。

（10）电焊设备的安装、修理和检查必须由电工进行，焊工不得擅自拆修设备和更换熔丝。临时施工点应由电工接通电源，焊工不得自行处理。

四、气体保护焊

气体保护焊与其他焊接方法相比，具有下列优点：

1. 明弧焊　焊接过程中，一般没有熔渣，熔池的可见度好，适宜进行全位置焊接。

2. 热量集中　电弧在保护气体的压缩下，热量集中，焊接热影响区窄，焊件变形小，尤其适用于薄板焊接。

3. 可焊接化学性质活泼的金属及其合金　采用惰性气体焊接化学性质活泼的金属，可获得高的接头质量。

常用的气体保护焊有：二氧化碳气体保护焊（CO_2 焊）、钨极氩弧焊（TIG 焊）、熔化极氩弧焊（MIG 焊）、活性气体保护焊（MAG 焊）。

（一）二氧化碳气体保护焊

二氧化碳气体保护焊即 CO_2 气体保护焊，简称 CO_2 焊。

1. CO_2 焊特点

（1）CO_2 气体的氧化性　CO_2 气体是氧化性气体，来源广、成本低，焊接时 CO_2 气体被大量的分解，分解出来的原子氧具有强烈的氧化性。

常用的脱氧措施是加入铝、钛、硅、锰作为脱氧剂，其中硅、锰用得最多。

（2）气孔　由于气流的冷却作用，熔池凝固较快，很容易在焊缝中产生气孔。熔池凝固快，有利于薄板焊接，焊后变形也小。

气孔有：一氧化碳气孔、氮气孔、氢气孔，其中主要是氮气孔。加强保护是防止氮气孔的重要措施。

（3）抗冷裂性 由于焊接接头含氢量少，所以 CO_2 气体保护焊具有较高的抗冷裂能力。

（4）飞溅 飞溅是二氧化碳气体保护焊的主要缺点。产生飞溅的原因有以下几方面：

1）由 CO 气体造成的飞溅 CO_2 气体分解后具有强烈的氧化性，使碳氧化成 CO 气体，CO 气体受热急剧膨胀，造成熔滴爆破，产生大量细粒飞溅。减少这种飞溅的方法可采用脱氧元素多、含碳量低的脱氧焊丝，以减少 CO 气体的生成。

2）斑点压力引起的飞溅 用正极性焊接时，熔滴受斑点压力大，飞溅也大。采用反极性可减少飞溅。

3）短路时引起的飞溅 发生短路时，焊丝与熔池间形成液体小桥（细颈部），由于短路电流的强烈加热及电磁收缩力作用，使小桥爆断而产生细颗粒飞溅。在焊接回路中串联合适的电感值，可减少这种飞溅。

2. CO_2 焊的设备

熔化极气体保护焊包括二氧化碳气体保护焊的设备一般由弧焊电源、送丝系统、焊枪与走行系统（自动焊）、供气系统与冷却水系统及控制系统组成，如图 4-1 所示。

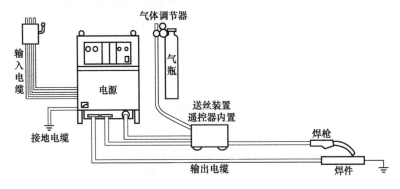

图 4-1 半自动二氧化碳气体保护焊机的组成示意

（1）焊接电源　二氧化碳气体保护焊均使用平硬式缓降外特性的直流电源。并要求具有良好的动特性。

（2）焊枪及送丝系统　焊枪按送丝方式可分为推丝式焊枪、拉丝式焊枪和推拉丝焊枪，按焊枪结构形状可分为手枪式和鹅颈式，如图 4-2、图 4-3 所示。

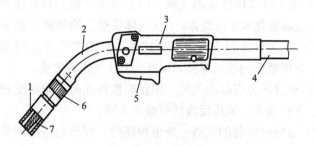

图 4-2　鹅颈式焊枪

1—喷嘴；2—鹅颈管；3—焊把；4—电缆；5—扳机开关；

6—绝缘接头；7—导电嘴

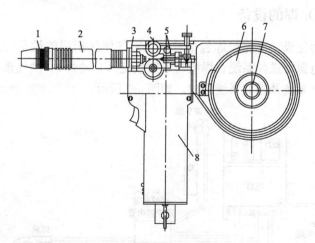

图 4-3　拉丝式焊枪

1—喷嘴；2—枪体；3—绝缘外壳；4—送丝轮；5—螺母；

6—焊丝盘；7—压拴；8—电动机

送丝方式有三种方式：

推丝式：焊枪与送丝机构分开，焊丝由送丝机构推送，通过软管进入焊枪。该结构简单、轻便，但送丝阻力大，软管长度受限制，一般长为2~5m。

拉丝式：送丝机构和焊丝盘装在焊枪上。拉丝式的送丝速度均匀稳定，但是焊枪质量大，仅适宜于$\phi0.5mm$~$\phi0.8mm$的细焊丝。

推拉丝式：焊丝盘与焊枪分开，送丝时以推为主，拉为辅。此种方式送丝速度稳定，软管可延长致15m左右，但结构复杂。

（3）供气装置　由气瓶、预热器、干燥器、流量计及气阀组成，如图4-4所示。CO_2气瓶为黑色；预热器的作用是对CO_2气体进行加热；干燥器的作用是减少CO_2气体中的水分；减压器、流量计及气阀与氧气瓶、乙炔瓶中使用的设备作用相同。

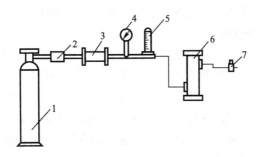

图4-4　供气系统示意

1—气瓶；2—预热器；3—高压干燥器；4—气体减压阀；

5—气体流量计；6—低压干燥器；7—气阀

（4）控制系统　其控制程序如下：

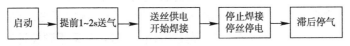

提前送气和滞后停气都是为了保护电弧空间。

CO_2气体保护电弧焊的控制系统主要作用是对CO_2焊的供

97

气、送丝和供电系统实行控制，自动焊时还要对行走机构的启动和停止进行控制。控制电磁气阀实现提前送气和滞后停气。控制送丝和供电系统，实现供电的通断，控制引弧和熄弧等。

程序控制系统将焊接电源、送丝系统、焊枪和行走机构、供气和冷却水系统有机地组合在一起，构成一个完整的自动控制的焊接设备系统。当焊接启动开关闭合后，整个焊接过程按照设定的程序自动进行。

3. CO_2 焊的工艺参数

（1）熔滴过渡

熔化极气体保护焊时，熔丝除了作为电弧电极外，其端部还不断受热熔化，形成熔滴并陆续脱离焊丝过渡到熔池中去，这个过程称为熔滴过渡。熔化极气体保护焊的熔滴过渡形式大致有三种，即短路过渡、颗粒过渡和喷射过渡。CO_2 焊时，主要有短路过渡和颗粒过渡。喷射过渡在 CO_2 焊时很难出现。

1）短路过渡

短路过渡是在采用细焊丝、小电流、低电弧电压时出现的。因为电弧很短。焊丝末端的熔滴还未形成大滴时，即与熔池接触形成短路，使电弧熄灭。在短路电流产生的电磁收缩力及熔池表面张力的共同作用下，熔滴迅速脱离焊丝末端过渡到熔池中去。以后，电弧又重新引燃，这样周期性的短路-燃弧交替过程，称为短路过渡。

短路过渡采用细焊丝，常用焊丝直径为 $\phi 0.6 \sim 1.2mm$，随着焊丝直径增大，飞溅颗粒相应增大。

2）颗粒过渡

当电弧电压较高、焊接电流较大时熔滴呈滴状自由飞落过渡，称为颗粒过渡。这些熔滴不全是轴向的，有些要飞散出去。用 $\phi 1.6$ 或 $\phi 2.0$ 的焊丝自动焊接较厚板材时，常采用颗粒过渡。

颗粒状过渡大都采用较粗的焊丝，常用的是 $\phi 1.6mm$ 和 $\phi 2.0mm$ 两种。

(2) 工艺参数

1）焊丝直径选择参见表 4-1。

CO_2 焊丝直径的选择　　　　表 4-1

焊丝直径（mm）	熔滴过渡形式	板厚（mm）	焊缝位置
0.5～0.8	短路	1～2.5	全位置
	颗粒	2.5～4	水平
1.0～1.4	短路	2～8	全位置
	颗粒	2～12	水平
≥1.6	短路	3～12	立、横、仰
	颗粒	>6	水平

2）焊接电流　主要是根据焊丝直径、送丝速度和焊缝位置等综合选择。

3）电弧电压　电弧电压应与焊接电流配合选择。随焊接电流增加，电弧电压也应相应加大。短路过渡时，电压为 16～24V。颗粒过渡时，电压应为 25～45V。电压过高或过低，都会影响电弧的稳定性和飞溅增加。

4）焊接速度　焊接速度对焊缝成形、接头性能都有影响。速度过快会引起咬边、未焊透及气孔等缺陷，速度过慢则效率低，输入焊缝的热量过多，接头晶粒粗大，变形大，焊缝成形差。一般半自动焊速度为 15～40m/h。

5）焊丝干伸长度　干伸长度应为焊丝直径的 10～12 倍。干伸长度过大，焊丝会成段熔断，飞溅严重，气体保护效果差；过小，不但易造成飞溅物堵塞喷嘴，影响保护效果，还会影响焊工视线。

6）气体流量及纯度　流量过大，会产生不规则紊流，保护效果反而变差。通常焊接电流在 200A 以下时，气体流量选用 10～15L/min；焊接电流大于 200A 时，气体流量选用 15～25L/min。

CO_2 气保焊气体纯度不得低于 99.5％。

7）电源极性　二氧化碳气体保护焊应采用直流反接。反接具有电弧稳定性好、飞溅小等特点。

4. CO_2 气体保护焊安全要求

（1）保证工作环境有良好的通风

由于 CO_2 气体保护焊是以 CO_2 作为保护气体，在高温下有大量的 CO_2 气体将发生分解，生成 CO 以及产生大量的烟尘。CO 极易和人体血液中的血红蛋白结合，造成人体缺氧。当空气中只有很少量的 CO 时，会使人感到身体不适、头痛，而当 CO 的含量超过一定范围会造成人呼吸困难、昏迷等，严重时甚至引起死亡。如果空气中 CO_2 气体浓度超过一定的范围，也会引起上述的反应。这就要求焊接工作环境应有良好的通风条件，在不能进行通风的局部空间施焊时，应佩戴能供给新鲜氧气的面具及氧气瓶。

（2）注意选用容量恰当的电源、电源开关、熔断器及辅助设备，以满足高负载率持续工作的要求。

（3）采用必要的防止触电措施与良好的隔离防护装置和自动断电装置；焊接设备必须保护接地或接零并经常进行检查和维修。

（4）采用必要的防火措施。由于金属飞溅引起火灾的危险性比其他焊接方法大，要求在焊接作业的周围采取可靠的隔离、遮蔽或防止火花飞溅的措施；焊工应有完善的劳动防护用具，防止人体灼伤。

（5）由于 CO_2 气体保护焊比普通埋弧电弧焊的弧光更强，紫外线辐射更强烈，应选用颜色更深的滤光片。

（6）采用 CO_2 气体电热预热器时，电压应低于 36V，外壳要可靠接地。

（7）由于 CO_2 是以高压液态盛装在气瓶中，要防止 CO_2 气瓶直接受热，气瓶不能靠近热源，也要防止剧烈振动。

（8）加强个人防护。戴好面罩、手套，穿好工作服、工作鞋。

（9）当焊丝送入导电嘴后，不允许将手指放在焊枪的末端来检查焊丝送出情况；也不允许将焊枪放在耳边来试探保护气体的流动情况。

（10）使用水冷系统的焊枪，应防止绝缘破坏而发生触电。

（11）焊接工作结束后，必须切断电源和气源，并仔细检查工作场所周围及防护设施，确认无起火危险后方能离开。

（二）钨极氩弧焊

1. 基本原理及主要特点

（1）基本原理　氩弧焊是利用惰性气体—氩气保护的一种电弧焊接方法。如图4-5所示。从喷嘴中喷出的氩气在焊接区造成一个厚而密的气体保护层，隔绝空气，在氩气层流的包围中，电弧在钨极和工件之间燃烧，利用电弧产生的热量熔化焊件和焊丝，从而获得牢固的焊接接头。

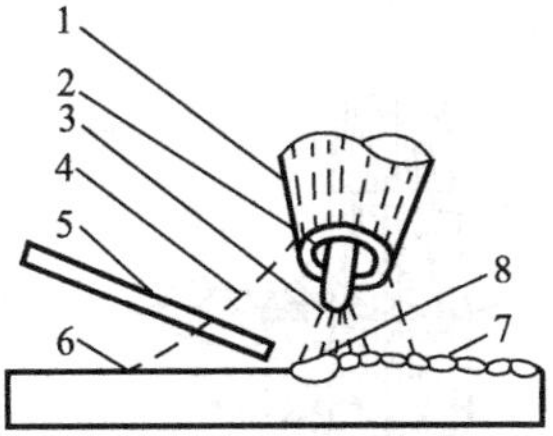

（2）主要特点

1）保护效果好，焊缝质量高。焊接过程基本上是金属熔化与结晶的简单过程，因此焊缝质量高。

2）焊接变形与应力小，因为电弧受氩气流冷却和压缩作用，电弧的

图4-5　钨极氩弧焊
1—喷嘴；2—钨极；3—电弧；
4—氩气流；5—焊丝；6—焊件；
7—焊缝；8—熔池

热量集中且氩弧的温度高，故热影响区窄。焊接薄件具有优越性。

3）明弧焊，便于观察与操作，适用于全位置焊接，并容易实现机械化自动化。

4）成本较高。

5）氩弧焊电势高，引弧困难。需要采用高频引弧及稳弧装置等。

6）氩弧焊产生的紫外线是手弧焊的 5～30 倍；生成的臭氧对焊工危害较大。放射性的钍钨极对焊工也有一定的危害，所以应使用没有放射性的铈钨电极。

（3）应用范围 几乎所有的金属材料都可进行焊接，特别适宜焊接化学性质活泼的金属。

2. 焊接设备

（1）电源种类和极性。铝、镁及其合金一般选用交流，而其他金属焊接均采用直流，通常以直流正接法为主。电源种类和极性可根据焊件材质进行选择。

（2）供气系统和水冷系统。钨极氩弧焊的供气系统由高压气瓶、减压阀、流量计和电磁气阀组成。水冷系统，许用电流大于 100A 的焊枪一般用水冷式。

（3）焊枪。钨极氩弧焊的焊枪分水冷式和气冷式两种。气冷式焊枪用于小电流（≤100A）焊接，图 4-6 所示为一种水冷式焊枪示意图。

（4）高频振荡器。钨极氩弧焊使用交流电源时，通常采用高频振荡器（2500V、250kHz）来帮助引弧。高频振荡器在引燃电弧后经 2～3s 即可切断，但也有在整个施焊过程中不切断高频的。

高频振荡器在钨极氩弧焊中被用于高频高压引弧。电极不与工件接触，当彼此接近到一定距离时即可引燃电弧，有时还用来起稳弧作用。

振荡器是一个高频高压发生器，利用它将低频低压的交流电变换成高频高压的交流电。氩弧焊用高频振荡器，其

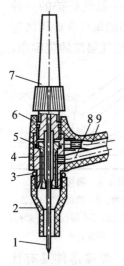

图 4-6 水冷式
焊枪示意

1—钨极；2—陶瓷喷嘴；3—密封环；4—轧头套管；5—电极轧头；6—枪体；7—绝缘帽；8—进气管；9—冷却水管

输出电压为 2000～3000V，频率为 150～260kHz。

3. 钨极氩弧焊工艺参数

（1）焊接电源种类和极性　电源种类和极性可根据焊件材质进行选择，见表 4-2。

氩弧焊电源种类和极性选择　　　　　　　表 4-2

电源种类与极性	被焊金属材料
直流正极性	低合金高强度钢、不锈钢、耐热钢、铜、钛及其合金
直流反极性	适用各种金属的熔化极氩弧焊，钨极氩弧焊很少采用
交流电源	铝、镁及其合金

采用直流正接时，工件接正极，温度较高，适于焊厚工件及散热快的金属，钨棒接负极，温度低，可提高许用电流，同时钨极烧损小。

直流反接时，钨极接正极烧损大，所以钨极氩弧焊很少采用。但此时具有"阴极破碎"作用。

采用交流钨极氩弧焊时，在焊件为负，钨极为正的半周波里，阴极有去除氧化膜的破碎作用，即"阴极破碎"作用。在焊接铝、镁及其合金时，其表面有一层致密的高熔点氧化膜，若不及时去除，将会造成未熔合、夹渣、焊缝表面形成皱皮及内部气孔等缺陷。利用钨极在正半波时正离子向熔池表面高速运动，可将金属表面的氧化膜撞碎，避免产生焊接缺陷。所以通常用交流钨极氩弧焊来焊接氧化性强的铝镁及其合金。

（2）钨极直径　主要按焊件厚度、焊接电流大小和电源极性来选取钨极直径。如果钨极直径选择不当，将造成电弧不稳、钨棒烧损严重和焊缝夹钨。

（3）焊接电流　根据工件的材质、厚度和接头空间位置选择焊接电流。过大或过小的焊接电流都会使焊缝成形不良或产生焊接缺陷。

（4）电弧电压　电弧电压由弧长决定，弧长增加，焊缝宽度增加，熔深减少，气体保护效果随之变差。甚至产生焊接缺陷。因此，应尽量采用短弧焊。

（5）氩气流量　随着焊接速度和弧长的增加，气体流量也应增加；喷嘴直径、钨极伸出长度增加时，气体流量也应相应增加。若气体流量过小，则易产生气孔和焊缝被氧化等缺陷，若气体流量过大，则会产生不规则紊流，反而使空气卷入焊接区，降低保护效果。另外还会影响电弧稳定燃烧。可按下式计算氩气流量：

$$Q = (0.8 - 1.2)D \qquad (4\text{-}1)$$

式中　Q——氩气流量（L/min）；

　　　D——喷嘴直径（mm）。

（6）焊接速度　氩气保护是柔性的，当遇到侧向空气吹动或焊速过快时，则氩气气流会受到弯曲，保护效果减弱。如果适当地加大气流量，气流挺度增大，可以减小弯曲程度。因此，氩弧焊时应注意气流的干扰以及防止焊接速度过快。

（7）喷嘴直径　增大喷嘴直径的同时，应增加气体流量，此时保护区大，保护效果好。但喷嘴过大时，不仅使氩气的消耗增加，而且可能使焊炬伸不进去，或妨碍焊工视线，不便于观察操作。因此，常用的喷嘴直径一般取 8～20mm 为宜。

（8）喷嘴至焊件的距离　这里指的是喷嘴端面和工件间距离，这个距离越小，保护效果越好。所以，喷嘴至焊件间的距离应尽可能小些，但过小将使操作、观察不便。因此，通常取喷嘴至焊件间的距离为 5～15mm。

4. 钨极氩弧焊安全要求

（1）焊接工作场所必须备有防火设备，如砂箱、灭火器、消防栓、水桶等。易燃物品距离焊接场所不得小于 5m。若无法满足规定距离时，可用石棉板、石棉布等妥善覆盖，防止火星落入易燃物品。易爆物品距离焊接场所不得小于 10m。氩弧焊工作场地要有良好的自然通风和固定的机械通风装置，减少氩弧焊有害气体和金属烟尘的危害。

（2）手工钨极氩弧用焊机应放置在干燥通风处。严格按照焊机使用说明书操作。使用前应对焊机进行全面检查。确定焊机没有隐患，再接通电源。空载运行正常后方可施焊。保证焊机接线正确，必须良好、牢靠接地，以保障安全。焊机电源的通、断由电源板上的开关控制，严禁带负载扳动开关，以免开关触头烧损。

（3）应经常检查氩弧焊枪冷却水或供气系统的工作情况，发现堵塞或泄漏时应即刻解决，防止烧坏焊枪和影响焊接质量。

（4）焊接人员离开工作场所或焊机不使用时，必须切断电源。若焊机发生故障，应由专业人员进行维修，检修时应做好防电击等安全措施。焊机应每年除尘清洁一次。

（5）钨极氩弧焊机高频振荡器产生的高频电磁场会使人产生一定的头晕、疲乏。因此，焊接时应尽量减少高频电磁场作用时间，引燃电弧后立即切断高频电源。焊枪和焊接电缆外应用软金属编织线屏蔽（软管一端接在焊枪上，另一端接地，外面不包绝缘）。如有条件，应尽量采用晶体脉冲引弧取代高频引弧。

（6）氩弧焊时，紫外线强度很大，易引起电光性眼炎、电弧灼伤，同时产生臭氧和氮氧化物刺激呼吸道。因此，焊工操作时应穿白色帆布工作服，戴好口罩、面罩及防护手套、脚盖等。为了防止触电，应在工作台附近地面覆盖绝缘橡皮，工作人员应穿绝缘胶鞋。

五、埋弧焊

（一）埋弧焊的特点

埋弧焊是一种电弧在焊剂层下燃烧进行焊接的方法，分为自动和半自动两种，是目前仅次于手弧焊的应用最广泛的一种焊接方法。

1. 埋弧焊的优点

（1）生产率高　埋弧焊保护效果好，没有飞溅，焊接电流大，热量集中，电弧穿透能力强，焊缝熔深大，且焊接速度快。

（2）质量好　焊接规范稳定，熔池保护效果好，冶金反应充分，性能稳定，成形美观。

（3）节省材料和电能　电弧能量集中，散失少，耗电小，中、薄焊件可不开坡口，减少填充金属。

（4）改善劳动条件，降低劳动强度，电弧在焊剂层下燃烧，弧光、有害气体对人体危害小。

2. 埋弧焊的缺点

（1）只适用于水平（俯位）位置焊接。

（2）由于焊剂成分是 MnO、SiO_2 等金属及非金属氧化物，因此难以用来焊接铝、钛等氧化性强的金属和合金。

（3）设备比较复杂　仅适用于长焊缝的焊接，并且由于需要导轨行走，所以对于一些形状不规则的焊缝无法焊接。

（4）当电流小于 100A 时，电弧稳定性不好，不适合焊接薄板。

（5）由于熔池较深，对气孔敏感性大。

3. 埋弧焊应用范围

埋弧焊是工业生产中高效焊接方法之一。可焊接各种钢板结构。焊接碳素结构钢、低合金结构钢、不锈钢、耐热钢、复合钢材等。在造船、锅炉、桥梁、起重机械及冶金机械制造业中应用最广泛。

(二) 埋弧焊工艺

1. 埋弧焊焊接坡口的基本形式及尺寸

埋弧自动焊由于使用的焊接电流较大，对于厚度在 12mm 以下的板材，可以不开坡口，采用双面焊接，以达到全焊透的要求。厚度 12~20mm 的板材，为了达到全焊透，在单面焊后，焊件背面应清根，再进行焊接。

对于厚度较大的板材，应开坡口后再进行焊接。坡口形式与手弧焊基本相同，由于埋弧焊的特点，采用较厚的钝边，以免焊穿。

2. 埋弧焊工艺参数

（1）焊接电流　当其他条件不变时，增加焊接电流，则焊缝厚度和余高都增加，而焊缝宽度几乎保持不变。电流是决定熔深的主要因素，增大电流能提高生产率，但在一定焊速下，焊接电流过大会使热影响区过大，易产生焊瘤及焊件被烧穿等缺陷，若电流过小，则熔深不足，产生熔合不好、未焊透夹渣等缺陷，并使焊缝成形变坏。

（2）焊接电压　其他工艺参数不变时，焊接电压增大，焊缝宽度显著增加而焊缝厚度和余高将略有减少。焊接电压是决定熔宽的主要因素。焊接电压过大时，焊剂熔化量增加，电弧不稳，严重时会产生咬边和气孔等缺陷。

（3）焊接速度 其他参数不变时，焊接速度增加时，焊缝厚度和焊缝宽度都大为下降。这是因为焊接速度增加时，焊缝中单位时间内输入的热量减少了。焊接速度过快时，会产生咬边、未焊透、电弧偏吹和气孔等缺陷，以及焊缝余高大而窄，成形不好，焊接速度太慢，则焊缝余高过高，形成宽而浅的大熔池，焊缝表面粗糙，容易产生满溢、焊瘤或烧穿等缺陷。焊接速度太慢而且焊接电压又太高时，焊缝截面呈"蘑菇形"，容易产生裂纹。

（4）焊丝直径与伸出长度 焊接电流不变时，减小焊丝直径，因电流密度增加，熔深增大，焊缝成形系数减小。因此，焊丝直径要与焊接电流相匹配，见表 5-1。焊丝伸出长度增加时，熔敷速度和金属增加。

埋弧焊时不同直径焊丝的焊接电流范围　　表 5-1

焊丝直径（mm）	2	3	4	5	6
电流密度（A/mm^2）	63～125	50～85	40～63	35～50	28～42
焊接电流（A）	200～400	350～600	500～800	500～800	800～1200

（5）焊丝倾角 单丝焊时焊件放在水平位置，焊丝与工件垂直，如图 5-1（b）所示。当采用前倾焊时，如图 5-1（c）所示，适用于焊薄板。焊丝后倾时，焊缝成形不良，如图 5-1（a）所示。一般只用于多丝焊的前导焊丝。

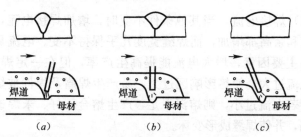

图 5-1　焊丝倾角对焊缝形状的影响
（a）焊丝后倾；（b）焊丝垂直；（c）焊丝前倾

（6）焊件位置影响（焊件倾角）

1）当进行上坡焊时，熔池液体金属在重力和电弧作用下流向熔池尾部，电弧能深入到熔池底部，因而焊缝厚度和余高增加。同时，熔池前部加热作用减弱，电弧摆动范围减小，因此焊缝宽度减小。上坡焊角度越大，影响也越明显。上坡角度 $\alpha >$ 6°时，成形会恶化。因此自动电弧焊时，实际上总是尽量避免采用上坡焊。

2）下坡焊的情况正好相反，即焊缝厚度和余高略有减小，而焊缝宽度略有增加。因此倾角 $\alpha < 6°$ 的下坡焊可使表面焊缝成形得到改善，手弧焊焊接薄板时，常采用下坡焊。如果倾角过大，则会导致未焊透和熔池铁水溢流，使焊缝成形恶化，如图 5-2 所示。

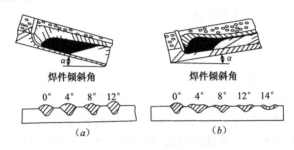

图 5-2　焊件位置对焊缝成形的影响
(a) 上坡焊；(b) 下坡焊

（7）装配间隙与坡口角度的影响　当其他条件不变时，增加坡口深度和宽度时，焊缝厚度略有增加，焊缝宽度略有减小，而余高和熔合显著减小，如图 5-3 所示。

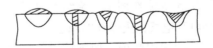

图 5-3　装配间隙与坡口角度对焊缝成形的影响
图中阴影部分为焊条熔敷金属占的面积

（8）焊剂层厚度与粒度　焊剂层厚度增大时，熔宽减小，熔深略有增加，焊剂层太薄时，电弧保护不好，容易产生气孔或裂纹。焊剂层太厚时，焊缝变窄，成形系数减小。

焊剂颗粒度增加，熔宽加大，熔深略有减小。但过大，不利于熔池保护，易产生气孔。

（三）埋弧焊安全要求

1. 个人防护用品

（1）穿戴好防护服、绝缘鞋和焊接手套。

（2）戴好防护口罩，防护焊接过程和清扫焊剂时的烟尘。

（3）使用风铲或电动工具清除埋弧焊渣皮时操作者应戴好耳塞或耳罩等噪声防护用品。

2. 防止触电和火灾

（1）焊工必须穿绝缘鞋，焊接手套应状态良好足够干燥。在拉合闸或接触带电物体时，必须单手进行。

（2）埋弧焊的焊接电流强度大，因此在工作前应认真检查焊接电流各部位的导线连接是否牢固可靠，否则一旦由于接触不良，接触电阻过大，就会产生大量电阻热，引起设备烧毁，甚至造成电气火灾事故。并且还应检查控制箱、焊接电源及焊接小车的壳体或机体的接地接零装置，确认符合规定要求后才可开始运行。

（3）埋弧焊的焊接电缆截面积应符合额定电流的安全要求，过细的电缆在焊接大电流作用下，绝缘套易发热老化，且硬化龟裂，是发生触电和电气火灾爆炸的隐患。

（4）按下启动按钮引弧前，应施放焊剂，焊接过程中应注意保持焊剂的连续覆盖，防止电弧从焊剂层下外露，造成伤害操作者的眼睛，且影响焊接质量。焊工应戴防辐射眼镜。

（5）焊接电源和机具发生故障时，应立即停机，通知专门维护工进行修理，焊工不得擅自进行维修。

（6）在调整送丝机构及其他运行机具时，注意手指及身体其他部分不得与运动机件接触以防挤伤。

（7）搬动焊机时或工作结束后，必须切断输入端的电源。

（8）绝对禁止在焊机开动的情况下接二次线。

（9）焊接场地 10m 内不得有易燃、易爆物品。

（10）埋弧焊后揭下的热渣皮不得乱放，防止接触易燃物后起火形成火灾。

（11）离开焊接现场时，应检查是否有火灾隐患。

六、气焊与气割

（一）气焊与气割的原理和应用

1. 气焊与气割原理

（1）气焊原理与应用

气焊是利用可燃气体与氧气混合燃烧的火焰来加热金属的一种熔化焊。

1）可燃气体　可燃气体有乙炔、丙烷、丙烯、氢气和炼焦煤气等，其中以乙炔燃烧的温度最高达 3100～3300℃，其他几种气体的焊接效果均不如乙炔，所以乙炔在气焊中一直占主导地位。

乙炔与氧气混合燃烧的反应式：

$$2C_2H_2 + 5O_2 = 4CO_2 + 2H_2O + Q$$

乙炔是可燃易爆气体。

2）氧气　氧气是强氧化剂。气焊、气割使用的是压缩纯氧（氧气瓶的最高工作压力为 14.7MPa，纯度为 99.2%或 98.5%）。

3）焊剂　气焊有色金属、铸铁和不锈钢时，还需要使用焊剂。焊剂是气焊时的助熔剂，其作用是排除熔池里的高熔点金属氧化物，并以熔渣覆盖在焊缝表面，使熔池与空气隔绝，防止熔化金属被氧化，从而改善焊缝质量。

焊剂可分为化学作用气焊剂和物理作用气焊剂两类。化学作用气焊剂又有酸性气焊剂和碱性气焊剂两种。

酸性气焊剂，如硼砂（$N_2B_4O_7$）、硼酸（H_3BO_3）以及二氧化硅（SiO_2），主要用于焊接铜或铜合金、合金钢等；碱性气焊剂如碳酸钠（Na₂CO₃），主要用于铸铁的焊接。

物理溶解作用气焊剂，如氟化钠（NaF）、氟化钾（KF）、氯化钠（NaCl）及硫酸氢钠（NaHSO₄），主要用于焊接铝及铝合金。

4）应用

目前由于焊条电弧焊、CO₂气体保护焊、氩弧焊等焊接工艺的迅速发展和广泛应用，气焊的应用范围有所缩小，但在铜、铝等有色金属及铸铁的焊接和修复，碳钢薄板的焊接及小直径管道的制造和安装还有着大量的应用。由于气焊火焰调节灵活方便。因此在弯曲、矫直、预热、后热、堆焊、淬火及火焰钎焊等各种工艺操作中得到应用。此外，建筑、安装、维修及野外施工等没有电源的场所，无法进行电焊时常使用气焊。

(2) 气割、气割原理与应用

1）气割原理

气割是利用可燃气体与氧气混合通过割炬的预热割嘴导出并且燃烧生成预热火焰加热金属的。气割过程是，金属被预热到着火点后，即从切割嘴的中心孔喷出切割氧，使金属遇氧开始燃烧，产生大量的热。这些热量与预热火焰一起使下一层的金属被加热，燃烧就迅速扩展到整个金属的深处（图 6-1）。金属燃烧时形成的氧化物，在熔化状态下被切割氧流从反应区吹走，使金属被切割开来。如果将割炬沿着直线或曲线以一定的速度移动，则金属的燃烧也将沿着该线进行。

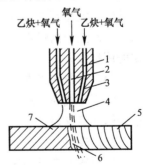

图 6-1　气割示意
1—混合气体通道；2—氧气通道；3—割嘴；4—预热火焰；5—切割纹道；6—氧化铁渣；7—割件

2）气割过程和气割条件

① 氧气切割的过程：

A. 预热金属。

B. 被加热到着火点的金属在氧气射流中燃烧。

C. 熔化的熔渣从切割口中吹出。

气割过程归纳起来即预热—燃烧—吹渣。

② 金属材料的气割需满足的条件：

A. 被切割金属能同氧产生剧烈的氧化反应，并放出足够的热量，以保证把切口前缘的金属层迅速地加热到着火点。

B. 金属的导热率不能太高，即导热性应较差，否则气割过程的热量将迅速散失，使切割不能开始或被中断。

C. 金属的着火点应低于熔点，否则金属的切割将成为熔割过程。

D. 金属的熔点应高于燃烧生成氧化物的熔点，否则，高熔点的氧化物膜会使金属层和气割氧隔开，造成燃烧过程中断。

E. 熔渣的流动性要好。

普通碳钢和低合金钢符合上述条件，气割性能较好；高碳钢及含有易淬硬元素（如铬、钼、钨、锰等）的中合金和高合金钢，气割性较差。不锈钢含有较多的铬和镍，易形成高熔点的氧化膜，铸铁的熔点低，铜和铝的导热率高（铝的氧化物熔点高），它们属于难于气割或不能气割的金属材料。

(3) 气割常用的可燃气体

气割用燃气最早使用的是乙炔，至今仍然广泛应用。随着工业的发展，人们探索多种的乙炔代用气体，如丙烷、丙烯、天然气、液化石油气（以丙烷、丁烷为主要成分），以及乙炔与丙烷、乙炔与丙烯混合气等等。目前作为乙炔的代用气体中丙烷的用量最大。

(4) 设备和工具

气割与气焊所应用的设备与工具基本相同，只是割炬和焊炬的构造略有差异。

(5) 应用

气割技术广泛用于生产中的备料，切割材料的厚度可以从薄板（小于10mm）到极厚板（800mm以上），被切割材料的形状包括板材、钢锭、铸件冒口、钢管、型钢、多层板等。随着机械化、半机械化气割技术的发展，特别是数控火焰切割技的发展使得气割可以代替部分机械加工，有些焊件的坡口可一次直接用气割方法切割出来，切割后直接进行焊接。气割还广泛用于因更新换代的旧流水线设备的拆除、重型废旧设备和设施的解体等。气割技术的应用领域几乎覆盖了建筑、机械、造船、石油化工、矿山冶金、交通能源等许多工业部门。

2. 气焊与气割火焰

(1) 气焊火焰

氧—乙炔火焰由焰心、内焰和外焰组成，火焰的形状如图 6-2 所示。

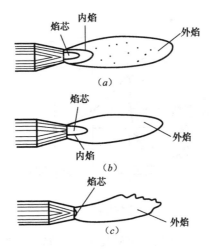

图 6-2　氧—乙炔火焰

(a) 碳化焰；(b) 中性焰；(c) 氧化焰

氧—乙炔混合气体在焰心内部被加热至着火温度，并在焰心外层发生分解：$C_2H_2 \longrightarrow 2C + H_2 +$ 热量，产生强烈的白光，温度可达到 $1000℃$ 左右。火焰中间部位为内焰，呈蓝色，氧与乙炔发生第一阶段燃烧：$2C + H_2 + O_2 \longrightarrow 2CO + H_2 +$ 热量，这一区域温度最高，距内焰末端 $2\sim4mm$ 处温度可达 $3150℃$，故为焊接区。因有一氧化碳和氢气存在，所以对许多金属的氧化物有还原作用。最外层火焰称外焰，为桔红色，燃烧不完全的一氧化碳和氢气与空气中的氧气进行第二阶段燃烧：$4CO + 2H_2 + 3O_2 \Longrightarrow 4CO_2 + 2H_2O$。

火焰的形状与性质决定于混合气体中氧与乙炔的比例：

当 $O_2/C_2H_2 = 1.1 \sim 1.2$ 时，称中性焰（图 6-2b），它的焰心为尖锥形，呈明亮白色，轮廓清楚，温度为 950℃ 左右。内焰呈蓝白色，温度为 3050～3150℃，焰心伸长 20mm 左右。距离焰心 2～4mm 处温度最高。外焰由里向外，由淡蓝色变为橙黄色，温度为 1200～2500℃（图 6-3）。中性焰与焊件无化学反应，应用最广，常用于焊接低碳钢、中碳钢及不锈钢等。

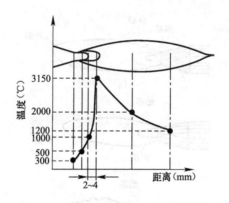

图 6-3　中性焰的温度分布

当 $O_2/C_2H_2 < 1.1$ 时，称碳化焰或还原焰（图 6-2a），它的焰心较长，呈白色，外围略带蓝色；内焰呈淡蓝色、外焰呈橙黄色，乙炔过多时，还会冒黑烟。这种火焰的温度为 2700～3000℃。碳化焰易使焊缝金属增碳。轻微的碳化焰常用于焊接铸铁、高碳钢、硬质合金、镁合金等。

当 $O_2/C_2H_2 > 1.2$ 时，称氧化焰（图 6-2c），它的焰心缩短，呈短而尖。内焰和外焰没有明显的界线，一般由焰心和外焰两部分组成。外焰也较短，带蓝紫色，火焰笔直有劲，燃烧时发出"嘶嘶"的噪声，温度为 3100～3300℃。因混合气体中含有剩余的氧气，所以，一般很少应用。焊接含有低沸点金属元素的有色金属合金时，为防止低沸点金属元素的蒸发，可采用弱氧化焰。例如焊黄铜时，由于熔池表面形成氧化物薄膜，可防止锌的蒸发。

(2) 气焊工艺参数

气焊工艺参数包括焊丝直径、火焰能率、焊嘴与工件的倾角、焊接速度和气体压力等。

1) 焊丝直径

焊丝直径若选用过小，则焊接时焊件尚未熔化，焊丝已很快熔化下滴，容易造成熔合不良等缺陷。相反，如果焊丝直径过大，焊丝加热时间增加会使焊件过热，扩大热影响区，降低焊接质量。

① 焊件厚度。焊丝直径与焊件厚度的关系见表6-1。

焊丝直径与工件厚度关系（mm）   表6-1

焊件厚度	1~2	2~3	3~5
焊丝直径	1~2	2	2~3

② 焊缝位置。平焊时可选用直径较大的焊丝；立焊、仰焊和横焊应选用直径较小的焊丝。

③ 焊接层次。多层焊的第一层应选直径较小的焊丝。

④ 火焰能率。火焰能率较小时，应选用直径较小的焊丝。

⑤ 左焊法时，应选择直径较小的焊丝。

2) 火焰能率

火焰能率是以每小时可燃气体（乙炔气）的消耗量来计算的，单位为 L/h。可燃气体消耗量取决于焊嘴的大小。国产H01—6型焊炬的 1～5 号焊嘴的火焰能率分别为 120L/h、240L/h、280L/h、330L/h、430L/h。

焊件的厚度越大，熔点越高，导热性越好，越应选择较大的火焰能率，以便保证焊透。平焊应选择较大的火焰能率；立焊、横焊和仰焊宜选择较小的火焰能率。

在工艺条件和焊缝质量允许的条件下，选择较大的火焰能率有利于提高生产率。

3）焊嘴的倾斜角

倾角是指焊嘴与工件平面之间的夹角，如图 6-4 所示。夹角大则火焰在焊件上呈圆形，热量集中，升温快；反之，夹角小则火焰在焊件上呈椭圆形，热量不集中，升温慢。

焊炬倾斜角的大小主要取决于焊件的厚度、材料的熔点以及导热性。焊件越厚，导热性越好及熔点越高，越应采用较大的焊嘴倾斜度，使火焰的热量集中；相反，则采用较小的倾斜角度。

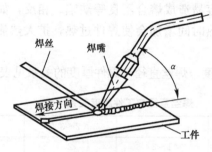

图 6-4　焊嘴倾角

焊接碳素钢时，焊炬的倾斜角与焊件厚度的关系大致如下：焊件厚度≤1mm 时为 20°；1～3mm 时为 30°；3～5mm 时为 40°；5～7mm 时为 50°；≥15mm 时为 80°。

不同材料的焊件，选用的焊炬倾斜角也有差别。例如，在焊接导热性较大的焊件时，焊炬倾斜角为 60°～80°；而焊接低熔点铝及铝合金时，焊接倾斜角接近 10°。

焊炬倾斜角在焊接过程中是需要改变的，在焊接开始时，采用的焊炬倾斜角为 80°～90°，以便较快地加热焊件和迅速地形成熔池。当焊接结束时，为了更好地填满弧坑和避免烧穿，可将焊炬的倾斜角减小，使焊炬对准焊丝加热，并使火焰上下跳动，断续地对焊丝和熔池加热。

在气焊过程中，焊丝和焊件表面的倾斜角一般为 30°～40°。

4）焊接速度

焊接速度根据焊件厚度和所需的熔池宽度而定。对于一定厚度的焊件，操作者为了获得所需的焊缝熔深和熔宽，应掌握相应的焊接速度。

5）气体压力

气焊和气割时的气体压力是氧气和乙炔压力，应选择调整合适。

（3）焊接方向

气焊时的焊接方向有左向焊和右向焊两种。

气焊时焊炬和焊丝的运走方向可以同时都从左到右，或者同时都从右到左。前者称为右向焊，而后者称为左向焊。

左向焊时，焊炬火焰背着焊缝而指向焊件未焊部分，焊接过程由右向左，并且焊炬跟着焊丝后面运走。右向焊时，焊炬火焰指向焊缝，焊接过程由左向右，并且焊炬是在焊丝前面移动的。

右向焊的优点是由于焊炬火焰指向焊缝，因此，火焰可以遮盖住熔池，隔离周围的空气，有利于防止焊缝金属的氧化和减少产生气孔；同时可使已焊好的熔敷金属缓慢冷却，改善焊缝质量；而且由于焰心距熔池较近以及火焰受坡口和焊缝的阻挡，火焰热量较为集中，火焰热能的利用率也较高，从而使熔深增加和生产率提高。右向焊的缺点主要是不易掌握，操作过程对焊件没有预热作用，一般较少采用，通常只用于焊接厚件和熔点较高的工件。

左向焊的优点是焊工能够清楚地看到熔池的上部凝固边缘，有利于获得高度和宽度较均匀的焊缝。由于焊炬火焰指向焊件未焊部分，对金属有预热作用，因此焊接薄板时，有利于提高生产效率。左向焊容易掌握，应用最普遍。缺点是焊缝易氧化，冷却较快，热量利用率较低，因此适用于焊接薄板和低熔点金属。

（4）操作要点

1）焊炬和焊丝的摆动

在焊接过程中，焊炬有三种运动，一是沿着焊接方向的移动；二是沿焊缝作横向摆动；三是打圆圈摆动。焊丝除与焊炬同时沿焊接方向移动和沿焊缝作横向摆动外，还有上下跳动。为了获得优良美观的焊缝，焊炬和焊丝应相互配合，作如图6-5所示的均匀协调的摆动。

在焊接某些有色金属时，还要用焊丝不断搅动熔池，促使气体析出和各种氧化物上浮。

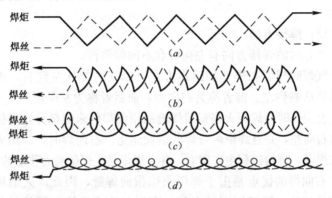

图6-5 焊炬和焊丝的摆动方法
(a) 右焊法；(b)、(c)、(d) 左焊法

2) 起焊

起焊的注意事项如下：

① 刚开始加热焊件时，为提高加热速度，焊嘴与工件之间应采用较大的倾角。在加热焊件的同时，将焊丝末端伸进外焰进行预热。

② 待焊件加热至熔化状态（形成熔池）后，应立即加进焊丝。当焊丝熔滴加入熔池后，再微微向前移动焊炬，形成新的熔池。应当强调指出，在焊件加热尚未形成熔池之前，不要过早加进焊丝，否则，此时焊丝熔化滴落会产生未熔合。

3) 收尾

收尾时，由于焊缝温度较高，为防止熔池扩大，避免烧穿，应减小焊嘴与工件之间的倾角，继续向熔池送入焊丝熔滴，火焰要上下起落几次，既可避免烧穿，又可使气泡逸出，防止气孔，并填满焊坑。将焊缝末尾的熔池填满后，火焰才能移开。综上所述，收尾的要领是：倾角小，焊速快、加丝快、慢离开。

4）火焰调节

如前所述，除了焊黄铜等可调为氧化焰，焊铸铁等调为碳化焰外，气焊一般都可用中性焰，在气焊过程中应保持火焰性质的稳定。

气割钢材时亦应采用中性焰。

5）火焰高度

焊接过程中应当用内焰加热焊件和焊丝，一般保持焰芯尖端离焊件熔池表面2～4mm。此时焊件熔池表面处于火焰内焰温度最高的部位，加热速度快、效率高，焊接效果好，也不容易发生回火现象。

如果焊件加热温度过高，熔池下塌时，应多加焊丝，把热量多用于熔化焊丝上，防止烧穿。

6）焊缝接头

施焊中途停顿后，要在焊缝中断处接焊时，应用火焰将原焊缝端头处周围充分加热，待形成熔池后方可熔入焊丝，并注意焊丝熔滴与已熔化的原焊缝金属充分熔合。焊接重要焊件时，需适当增高与原焊缝的重叠厚度。

7）钢板厚度不同时的火焰偏向

当两块钢板厚度不相同时，火焰的主要热量应偏向厚板方向。焊接间隙较大的焊件和薄焊件时，为防止工件烧穿，可用焊丝挡住焰心，使火焰的高温部位不直接作用在焊件上。

（二）气焊与气割安全

1. 气焊与气割材料和设备使用安全

（1）氧气与氧气瓶

1）氧气

在常温和大气压下，氧气是一种无色、无味的活泼助燃气体，是强氧化剂。空气中含氧 20.9%，气焊与气割用一级纯氧纯度为 99.2%，二级为 98.5%，满灌氧气瓶的压力为 14.7MPa。

2）压缩纯氧的危险性

① 增加氧的纯度和压力会使氧化反应显著地加剧。金属的燃点随着氧气压力的增高而降低。

② 当压缩纯氧与矿物油、油脂或细微分散的可燃粉尘（炭粉、有机物纤维等）接触时，由于剧烈的氧化升温、积热而能够发生自燃，是构成火灾或爆炸的原因。

③ 氧气几乎能与所有可燃性气体和蒸汽混合而形成爆炸性混合物，这种混合物具有较宽的爆炸极限的范围。

3）氧气使用安全要求

① 严禁用以通风换气。

② 严禁作为气动工具动力源。

③ 严禁接触油脂和有机物。

④ 禁止用来吹扫工作服。

4）氧气瓶

氧气瓶是用来贮存和运输氧气的高压容器。最高工作压力为 14.7MPa，搬运装卸时还要承受震动、滚动和碰撞冲击等外界作用力。瓶装压缩纯氧是强烈氧化剂，由于氧气中通常含有水分，瓶内壁会受到腐蚀损伤，因此对氧气瓶的制造质量要求十分严格，出厂前必须经过严格技术检验，以确保质量完好。

氧气瓶的结构如图 6-6 所示。通常采用优质碳素钢或低合金钢轧制成无缝圆柱形。瓶体 5 的上部瓶口内壁攻有螺纹，用以旋上瓶阀 2，瓶口外部还套有瓶箍 3，用以旋装瓶帽 1，以保护瓶阀不受意外的碰撞而损坏。防震圈 4（橡胶制品）用来减轻震动冲击，瓶体的底部呈凹面形状或套有方形底座，使气瓶直立时保持平稳。瓶壁厚度约为 5～8mm。

氧气的充装量一般可用氧气瓶的容积与压力的乘积来计算：

$$V = V_0 P \tag{6-1}$$

式中　V——氧气充装量（m^3）；

　　V_0——氧气瓶容积（一般常用 $V_0=40L$）；

　　P——气瓶压力，MPa 表压（满瓶压力 $P=14.7MPa$）。

氧气瓶外表面漆天蓝色，并有黑漆写的"氧气"字样。

① 氧气瓶发生爆炸事故的原因

氧气瓶的爆炸大多属于物理性爆炸。其主要原因有：

A. 气瓶的材质、结构有缺陷，制造质量不符合要求，例如材料脆性，瓶壁厚薄不匀，有夹层、瓶体受腐蚀等。

B. 在搬运装卸时，气瓶从高处坠落、倾倒或滚动，发生剧烈碰撞冲击。

C. 气瓶直接受热。

D. 开气速度太快，气体含有水珠，铁锈等颗粒，高速流经瓶阀时产生静电火花，或由于绝热压缩引起着火爆炸。

E. 未按规定期限作技术检验。

F. 气瓶瓶阀由于没有瓶帽保护，受震动或使用方法不当时，造成密封不严、泄漏，甚至瓶阀损坏，使高压气流冲出。

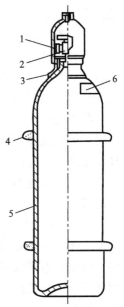

图 6-6　氧气瓶

1—瓶帽；2—瓶阀；

3—瓶箍；4—防震圈；

5—瓶体；6—标志

G. 由于气瓶压力太低或安全管理不善等造成氧气瓶内混入可燃气体。

H. 解冻方法不当。氧气从气瓶流出时，体积膨胀，吸收周围的热量，瓶阀处容易发生霜冻现象，如用火烤或铁器敲打，易造成事故。

I. 氧气瓶阀等处黏附油脂。

② 氧气瓶安全措施：

A. 为了保证安全，氧气瓶在出厂前必须按照《气瓶安全监察规程》的规定，严格进行技术检验。检验合格后，应在气瓶肩部的球面部分作明显的标志，标明瓶号、工作压力和检验压力、下次试压日期等。

B. 充灌氧气瓶时，必须首先进行外部检查，同时还要化验鉴别瓶内气体成分，不得随意充灌。气瓶充灌时，气体流速不能过快，否则易使气瓶过热，压力剧增，造成危险。

C. 气瓶与电焊机在同一工地使用时，瓶底应垫以绝缘物，以防气瓶带电。与气瓶接触的管道和设备要有接地装置，防止由于产生静电而造成燃烧或爆炸。

冬季使用气瓶时由于气温比较低，加之高压气体从钢瓶排出时，吸收瓶体周围空气中的热量，所以瓶阀或减压器可能出现结霜现象。可用热水或蒸气解冻，严禁使用火焰烘烤或用铁器敲击瓶阀，也不能猛拧减压器的调节螺丝，以防气体大量冲出造成事故。

D. 运输与防震。在贮运和使用过程中，应避免剧烈震动和撞击，搬运气瓶必须用专门的抬架或小推车，禁止直接使用钢绳、链条、电磁吸盘等吊运氧气瓶。车辆运输时，应用波浪形瓶架将气瓶妥善固定，并应戴好瓶帽，防止损坏瓶阀。轻装轻卸，严禁从高处滑下或在地面滚动气瓶。使用和贮存时，应用栏杆或支架加以固定、扎牢，防止突然倾倒。不能把氧气瓶放在地上滚动，不能与可燃气瓶、油料及其他可燃物放在一起运输。

E. 防热。氧气瓶应远离高温、明火和熔融金属飞溅物，操作中氧气瓶应距离乙炔瓶相距 5m 以上。夏季在室外使用时应加以覆盖，不得在烈日下暴晒。

F. 开气应缓慢，防静电火花和绝热压缩。

G. 留有余气。氧气瓶不能全部用尽，应留有余气 0.2～0.3MPa，使氧气瓶保持正压，并关紧阀门防止漏气。留有余气的目的是预防可燃气体倒流进入瓶内，而且在充气时便于化验瓶内气体成分。

H. 不得使用超过应检期限的气瓶。氧气瓶在使用过程中，必须按照安全规则的规定，每3年进行一次技术检验。每次检验合格后，要在气瓶肩部的标志上标明下次检验日期。满灌的氧气瓶启用前，首先要查看应检期限，如发现逾期未作检验的气瓶，不得使用。

I. 防油。氧气瓶阀不得黏附油脂，不得用沾有油脂的工具、手套或油污工作服等接触瓶阀和减压器。

J. 使用氧气瓶前，应稍打开瓶阀，吹掉瓶阀上黏附的细屑或脏物后立即关闭，然后接上减压器使用。

K. 开启瓶阀时，应站在瓶阀气体喷出方向的侧面并缓慢开启，避免气流朝向人体。

L. 要消除带压力的氧气瓶泄漏，禁止采用拧紧瓶阀或垫圈螺母的方法。禁止手托瓶帽移动氧气瓶。

M. 禁止使用氧气代替压缩空气吹净工作服、乙炔管道。禁止将氧气用作试压和气动工具的气源。禁止用氧气对局部焊接部位通风换气。

(2) 乙炔和乙炔瓶

1) 乙炔

乙炔属于不饱和的碳氢化合物，化学式为 C_2H_2，化学性质非常活泼，容易发生加成、聚合和取代等各种反应。在常温常压下，乙炔是一种高热值的容易燃烧和爆炸的气体，相对密度为 0.91。

乙炔燃烧爆炸危险性

① 提高乙炔的压力和温度，会促使乙炔的分解爆炸。压力越高，促成分解爆炸所需的温度就越低；温度越高，在较小的压力下就会发生爆炸性分解。

此外，乙炔的自燃点为 335℃，容易受热自燃。

② 乙炔的点火能量小，仅 0.019MJ，燃着的烟头，甚至尚未熄灭的烟灰已具有这个能量。

③ 乙炔与空气混合形成的爆炸性混合物，爆炸极限为 2.2%～81%，自燃点为 305℃；与氧气混合形成的爆炸混合物

有更宽的爆炸浓度范围，其爆炸极限为 2.8%～93%，自燃点为 300℃；与氯气混合在日光照射下或加热就会发生爆炸。另外，乙炔还能同氟、溴等化合，发生燃烧爆炸。

④ 乙炔与铜、银接触会生成乙炔铜和乙炔银等爆炸性化合物，当受到摩擦或冲击时就会发生爆炸。所有与乙炔接触的部件（包括：仪表、管路、附件等）不得由铜、银以及铜（或银）含量超过 70% 的合金制成。

⑤ 工业用乙炔含有磷化氢和硫化氢，它们都是有害的杂质。特别是磷化氢的自燃点较低，温度达 45～60℃时就会发生自燃，容易引起发生器里乙炔与空气混合气的着火爆炸事故。

⑥ 某些触媒剂如氧化铁、氧化铜和氧化铝等多孔性物质，能把乙炔分子吸附在自己多孔的表面上，致使乙炔的表面浓度增加，促进乙炔分子的聚合和爆炸分解。

⑦ 存放乙炔的容器直径越小，越不易发生爆炸，反之，容器直径越大，乙炔爆炸的危险性也就越大。

⑧ 将乙炔与氮、水蒸气和二氧化碳等不起反应的气体混合，或者将乙炔溶解于液体（如丙酮），以降低其分解爆炸的危险性。

2）乙炔瓶

溶解乙炔。气焊与气割用乙炔，除了各厂矿自己用乙炔发生器制取外，也可采用专门工厂制造的用乙炔瓶盛装的溶解乙炔。

由于乙炔能很好地溶解于许多液体之中，尤其是有机溶剂，工业上常常应用丙酮（CH_3COCH_3）溶解乙炔。溶解于丙酮内的乙炔比气态乙炔的爆炸危险小得多，如果将溶液吸收在具有显微孔的固态多孔填料内，则溶解的乙炔就更安全。

乙炔在丙酮中有较大的溶解度，在 15℃ 和 0.2MPa 时每升丙酮可溶解 23L 乙炔。提高压力则溶解度增大，提高温度则相反，溶解度减小。

① 溶解乙炔优点：

A. 据国内外实际经验表明，溶解乙炔由于是大量生产的，可节省电石30％左右，即电石利用率高，经济性好。

B. 乙炔气的纯度高，有害杂质和水分含量很少。

C. 经对乙炔瓶的震动、冲击、升温、局部加热、回火和枪击等试验，证明乙炔瓶具有较好的安全性，因此允许在热加工车间和锅炉房使用。

D. 可以在低温情况下工作。因为没有水封回火防止器及橡胶皮管中水分结冰而停止供气的危险，所以对北方寒冷地区更具优越性。

E. 焊接设备轻便，操作简单省事，工作地点也较清洁卫生。因为没有电石、给水、排水和贮存电石渣的装置，可省去经常性的加料、排渣和看管发生器等操作事项。

F. 乙炔气的压力高，能保证焊炬和割炬的工作稳定。

由于上述多方面的优点，乙炔瓶已逐渐取代乙炔发生器。

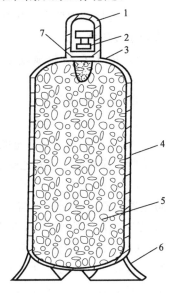

② 乙炔瓶构造。乙炔瓶是一种贮存和运输乙炔用的压力容器，如图6-7所示。瓶体4内装着浸满丙酮的多孔性填料5，使乙炔稳定而又安全地贮存于乙炔瓶内。使用时打开瓶阀2，溶解于丙酮内的乙炔就分解出来，通过瓶阀流出，气瓶中的压力即逐渐下降。

瓶口中心的长孔内放置过滤用的不锈钢线网和毛毡3（或石棉）。瓶里的填料可以采用多孔而轻质的活性炭、硅藻土、浮石、硅酸钙、石棉纤维等。目前多采用硅酸钙。

乙炔瓶的公称容积和直径，

图6-7　乙炔瓶

1—瓶帽；2—瓶阀；3—毛毡；

4—瓶体；5—多孔性填料；

6—瓶座；7—瓶口

可按表 6-2 选取。

乙炔瓶公称容积和直径　　　　表 6-2

公称容积（L）	≤25	40	50	60
公称直径（mm）	220	250	250	300

乙炔瓶的设计压力为 3MPa，水压试验压力为 6MPa。乙炔瓶采用焊接气瓶，即气瓶筒体及筒体与封头（圆形或椭圆形）用焊接法连接。

乙炔瓶的外表面漆白色，并标注红色的"乙炔"和"火不可近"字样。

3）乙炔瓶安全

① 乙炔瓶发生着火爆炸事故的原因：

A. 与氧气瓶爆炸原因相同。

B. 乙炔瓶内填充的多孔物质下沉，产生净空间；使部分乙炔处于高压状态。

C. 由于乙炔瓶横躺卧放，或大量使用乙炔时丙酮随之流出。

D. 乙炔瓶阀漏气等。

② 乙炔瓶的安全措施

A. 与氧气瓶安全措施的①～⑥条相同（其中有关气瓶的出厂检验，应按照《溶解乙炔瓶安全监察规程》的规定）。

B. 使用乙炔瓶时，必须配用合格的乙炔专用减压器和回火防止器。乙炔瓶阀必须与乙炔减压器连接可靠。严禁在漏气的情况下使用，否则，一旦触及明火将可能发生爆炸事故。

C. 瓶体表面温度不得超过 40℃。瓶温过高会降低丙酮对乙炔的溶解度，导致瓶内乙炔压力急剧增高。在普通大气压下，温度 15℃时，1L 丙酮可溶解 23L 乙炔，30℃为 16L，40℃时为 13L。因此，在使用过程中要经常用手触摸瓶壁，如局部温度升高超过 40℃（会有些烫手），应立即停止使用，在采取水浇降温并妥善处理后，送充气单位检查。

D. 乙炔瓶存放和使用时只能直立，不能横躺卧放，以防丙酮流出引起燃烧爆炸（丙酮与空气混合气的爆炸极限为2.9%～13%）。乙炔瓶直立牢靠后，应静候15min左右，才能装上减压器使用。开启乙炔瓶的瓶阀时，焊工应站在阀口侧后方，动作要轻缓，不要超过一圈半，一般情况只开启3/4圈。

E. 存放乙炔瓶的室内应注意通风换气，防止泄漏的乙炔气滞留。

F. 乙炔瓶不得遭受剧烈震动或撞击，以免填料下沉，形成净空间。

G. 乙炔瓶的充灌应分两次进行。第一次充气后的静置时间不少于8h，然后再进行第二次充灌。不论分几次充气，充气静置后的极限压力都不得大于表6-3的规定。

乙炔瓶内允许极限压力与环境温度的关系　表6-3

环境温度（℃）	−10	−5	0	5	10	15	20	25	30	35	40
压力（表压，MPa）	7	8	9	10.5	12	14	16	18	20	22.5	25

H. 瓶内气体严禁用尽，必须留有不低于表6-4规定的剩余乙炔瓶内剩余压力与环境温度的关系。

乙炔瓶内剩余压力与环境温度的关系　表6-4

环境温度（℃）	<0	0～15	15～25	25～40
剩余压力（MPa）	0.05	0.1	0.2	0.3

I. 禁止在乙炔瓶上放置物件、工具，或缠绕、悬挂橡胶软管和焊炬、割炬等。

J. 瓶阀冻结时，可用40℃热水解冻，严禁火烤。

(3) 减压器

1) 减压器的作用和原理

① 减压器是将高压气体降为低压气体的调节装置。减压器的作用是将气瓶内的高压气体降为使用压力气体（减压），且能

129

调节所需要的使用压力（调压），并能保持使用压力不变（稳压）。此外，减压器还有逆止作用，可以防止氧气倒流进入可燃气瓶。

气焊气割用的减压器按用途分，有氧气减压器、乙炔减压器和液化石油气减压器等。

② 氧气减压器的构造和原理

氧气减压器的构造和工作原理如见图6-8所示。氧气减压器是用螺纹与氧气瓶连接的。减压器不工作时，调压螺钉松开，减压活门关闭。打开氧气瓶瓶阀后，高压气体进入高压室，高压表指示气瓶内气体的压力，活门更是紧闭。减压器工作时，拧紧调压螺钉，顶开活门，高压气体进入低压室。由于高压气体通过活门小孔的节流作用，使气体压力降低，这就是减压作用。低压气体不输出时，低压室的气体压力增高，通过弹性薄

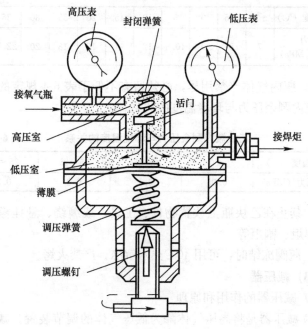

图 6-8 减压阀构造和工作示意

膜压缩调压弹簧，关闭活门。气焊气割时，低压气体输出，低压室气体压力减小，调压弹簧将活门顶开，高压气体又进入低压室，使低压室气体压力回升到原来调节的使用压力。调压弹簧根据低压室气体压力自动启闭活门，保持低压室气体压力稳定，这就是稳压作用。所需的使用压力通过调压螺钉调节调压弹簧获得。

2）减压器安全要求

① 减压器应选用符合国家标准规定的产品。只有经过检验合格的减压器才允许使用。减压器的使用必须严格遵守 GB/T 7899—2006 的有关规定。如果减压器存在表针指示失灵、阀门泄漏、表体含有油污未处理等缺陷，禁止使用。

② 氧气瓶、溶解乙炔瓶、液化石油气瓶等都应使用各自专用的减压器，不得自行换用。

③ 气瓶阀的清理　安装减压器前，阀门出口处首先必须用无油污的清洁布擦拭干净，然后快速打开阀门并立即关闭以便清除阀门上的灰尘或可能进入减压器的脏物。

清理阀门的操作者应站在排出口的侧面，不得站在其前面。不得在其他焊接作业点、存在着火花、火焰（或可能引燃）的地点附近清理气瓶阀。

④ 减压器在专用气瓶上应安装牢固。采用螺纹连接时，应拧足 5 个螺纹以上，采用专门夹具夹紧时，装卡应平整牢固。

⑤ 开启氧气瓶的特殊程序

减压器安在氧气瓶上之后，必须进行以下操作：

A. 首先调节螺杆并打开顺流管路，排放减压器的气体。

B. 其次，调节螺杆并缓慢打开气瓶阀，以便在打开阀门前使减压器气瓶压力表的指针始终慢慢地向上移动。打开气瓶阀时，应站在气瓶阀气体排出方向的侧面而不要站在其前面。

C. 当压力表指针达到最高值后，阀门必须完全打开以防气体沿阀杆泄漏。

⑥ 乙炔气瓶的开启

开启乙炔气瓶的瓶阀时应缓慢，严禁开至超过 $1\frac{1}{2}$ 圈，一般

只开至 $\frac{3}{4}$ 圈以内以便在紧急情况下迅速关闭气瓶。

⑦ 使用的工具

配有手轮的气瓶阀门不得用榔头或扳手开启。

未配有手轮的气瓶,使用过程中必须在阀柄上备有把手、手柄或专用扳手,以便在紧急情况下迅速关闭气路。在多个气瓶组装使用时,至少要备有一把这样的扳手以备急用。

⑧ 当发现减压器发生自流现象和减压器漏气时,应迅速关闭气瓶阀,卸下减压器,并送专业修理点检修,不准自行修理后使用。新修好的减压器应有检修合格证明。

⑨ 同时使用两种不同气体进行焊接、气割时,不同气瓶减压器的出口端都应各自装有单向阀,防止相互倒灌。

⑩ 禁止用棉、麻绳或一般橡胶等易燃物料作为氧气减压器的密封垫圈。禁止油脂接触氧气减压器。

⑪ 必须保证用于液化石油气、熔解乙炔或二氧化碳等用的减压器位于瓶体的最高部位,防止瓶内液体流入减压器。

⑫ 冬季使用减压器应采取防冻措施。如果发生冻结,应用热水或水蒸气解冻,严禁火烤、锤击和摔打。

⑬ 减压器卸压的顺序是:首先,关闭高压气瓶的瓶阀;然后,放出减压器内的全部余气;最后放松压力调节螺钉使表针降至零位。

⑭ 不准在减压器上挂放任何物件。

(4) 气瓶的定期检验和涂色

气瓶在使用过程中必须根据现行国家《气瓶安全监察规程》和《溶解乙炔瓶安全监察规程》的要求,进行定期技术检验。充装无腐蚀性气体的气瓶,每 3 年检验一次;充装有腐蚀性气体的气瓶,每两年检验一次。气瓶在使用过程中如发现有严重腐蚀、损伤或有怀疑时,可提前进行检验。

乙炔瓶在使用过程中不再进行水压试验,只作气压试验,试验压力为 3.5MPa,所用气体为纯度不低于 90% 的干燥氮气。

试验时将乙炔瓶浸入地下水槽内，静置 5min 后检查，如发现瓶壁渗漏，则予以报废。

各种气瓶应涂有规定的颜色和标志，以便识别，见表 6-5。

气瓶的漆色   表 6-5

气瓶的用途	漆色	标字的内容	标字的颜色	线条颜色
氩	黑色	氩	黄色	棕色
氨	黄色	氨	黑色	—
乙炔	白色	乙炔	红色	—
氢	深绿色	氢	红色	—
硫化氢	白色	硫化氢	红色	红色
空气	黑色	压缩空气	白色	—
二氧化硫	黑色	二氧化硫	白色	黄色
二氧化碳	黑色	二氧化碳	黄色	—
氧	浅蓝色	氧	黑色	—
氯	保护色	—	—	绿色
光气	保护色	—	—	红色
其他一切非可燃气体	黑色	气体名称	黄色	—
其他一切可燃气体	红色	气体名称	白色	—

(5) 回火现象与回火防止器

1) 回火现象

气焊气割发生的回火是气体火焰进入喷嘴逆向燃烧的现象。在正常情况下，喷嘴里混合气流出速度与混合气燃烧速度相等，气体火焰在喷嘴口稳定燃烧。如果混合气流出速度比燃烧速度快，则火焰离开喷嘴一段距离再燃烧。如果喷嘴里混合气流出速度比燃烧速度慢，则气体火焰就进入喷嘴逆向燃烧。这是发生回火的根本原因。造成气体流出速度比燃烧速度慢的主要原因有：

① 焊炬和焊嘴、割炬和割嘴太热，混合气在喷嘴内就已开始燃烧。

② 焊嘴和割嘴堵塞，混合气不易流出。

③ 焊嘴和割嘴离工件太近，喷嘴外气体压力大，混合气不易流出。

④ 乙炔压力过低或输气管太细、太长、曲折、堵塞等。

⑤ 焊炬失修，阀门漏气或射吸性能差，气体不易流出等。气焊气割过程中发生回火时，应立即关闭调节阀，分析发生回火的原因，采取措施，防止回火继续发生。

2）回火防止器

也叫回火保险器，是装在燃气管路上防止向气源回烧的保险装置。其作用是在气焊气割过程发生回火时，能有效地截住回火，阻止回火火焰逆向燃烧到气源而引起爆炸。简而言之，回火防止器的作用就是阻止回火。

使用乙炔瓶常用干式回火防止器。另外一种水封式回火防止器现在已经很少应用了。

中压干式回火防止器主要有中压泄压膜式和粉末冶金片式（或多孔陶瓷管式）两种，常用的多孔陶瓷管式中压干式回火防止器的构造如图6-9所示。

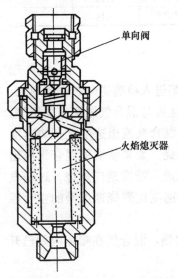

干式回火防止器能有效阻止回火，体积小，重量轻，不需要加水，不受气候条件限制，但对乙炔要求清洁和干燥。每月要检查一次并清洗残留在器内的烟灰和污迹，以保证气流畅通，工作可靠。此外，每一把焊炬或割炬，都必须与独立的、合格的干式回火防止器配用。

（6）焊割炬

1）构造原理

① 焊炬

焊炬的作用是使可燃气体和氧气按一定比例互相均匀混合，

图6-9 中压干式回火防止器

单向阀

火焰熄灭器

以获得具有所需温度和热量的火焰。在焊接过程中，由于焊炬的工作性能不正常或操作失误，往往会导致焊接火焰自焊炬烧向胶管内而产生回火燃烧、爆炸事故，或熔断焊炬。为了安全使用焊炬，需要对其结构原理作一简单介绍。

焊炬又名焊枪、龙头、烧把或熔接器。按可燃气体与氧气混合的方式分为射吸式和等压式两类。目前国内生产的焊炬均为射吸式。图 6-10 所示为目前使用较广的 H01-10 型射吸式焊炬。

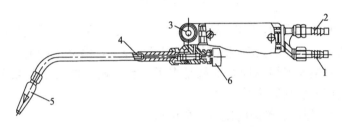

图 6-10　H01-10 型射吸式焊炬
1—氧气接头；2—乙炔接头；3—乙炔调节阀；
4—混合气管；5—焊嘴；6—氧气调节阀

焊炬型号中，"H" 表示焊炬，"0" 表示手工，"1" 表示射吸式，短杠后的数字表示焊接低碳钢最大厚度，单位为 mm。

开启乙炔调节阀 3 时，乙炔聚集在喷嘴口外围并单独通过射吸式的混合气管 4 由焊嘴 5 喷出，但压力很低，流动较慢。当开启氧气调节阀 6 时，氧气即从喷嘴口快速射出，将聚集在喷嘴周围的低压乙炔吸出，并在混合气管内按一定的比例混合后从焊嘴喷出。

② 割炬

作用是使氧气与乙炔按比例进行混合，形成预热火焰，并将高压纯氧喷射到被切割的工件上，使切割处的金属在氧射流中燃烧，氧射流并把燃烧生成物吹走而形成割缝。

目前我国采用最普遍的是射吸式割炬，G01-30 型割炬的构造如图 6-11 所示。

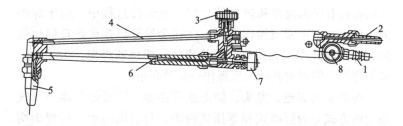

图 6-11　射吸式割炬

1—乙炔接头；2—氧气接头；3—切割氧调节阀；4—切割氧气管；

5—割嘴；6—混合气管；7—预热氧调节阀；8—乙炔调节阀

割炬型号中，"G"表示割炬，"0"表示手工，"1"表示射吸式，短杠后的数字表示割低碳钢最大厚度，单位为 mm。

割炬与焊炬不同之处就是多了一套切割氧的管子和喷嘴，以及调节切割氧的调节阀。

2）焊炬、割炬的使用安全技术

① 焊炬和割炬应符合《等压式焊炬、割炬》JB/T 7947—1999、《射吸式焊炬》JB/T 6969—1993、《射吸式割炬》JB/T 6970—1993 等的要求。

② 焊炬、割炬的内腔要光滑，气路通畅，阀门严密，调节灵敏，连接部位紧密而不泄漏。

③ 先安全检验后点火

使用前必须先检查其射吸性能。检查方法为：将氧气胶管紧固在氧气接头上，接通氧气后，先开启乙炔调节手轮，再开启氧气调节阀，然后用手指按在乙炔接头上，若感到有一股吸力，则表明其射吸性能正常。如果没有吸力，甚至氧气从乙炔接头中倒流出来，则说明射吸性能不正常，必须进行修理，严禁使用没有射吸能力的焊炬、割炬。

射吸性能检查正常后，接着检查是否漏气。检查方法为：把乙炔胶管也接在乙炔接头上，将焊炬浸入干净的水槽里，或者在焊炬的各连接部位、气阀等处涂抹肥皂水，然后开启调节阀送入氧气和乙炔气，不严密处将会冒出气泡。

④ 点火

经以上检查合格后，才能给焊炬点火。点火时有先开乙炔和先开氧气两种方法。先开氧气点火时应先把氧气阀稍微打开，然后打开乙炔阀。点火后立即调整火焰，使火焰达到正常情况。先开乙炔点火是在点火时先开乙炔阀点火，使乙炔燃烧并冒烟灰，此时立即开氧气阀调节火焰。与先开氧气后开乙炔的方法比较起来，这种点火方法有下列优点：点火前在焊嘴周围的局部空间，不会形成氧气与乙炔的混合气，可避免点火时的鸣爆现象；可根据能否点燃乙炔及火焰的强弱，帮助检查焊炬是否有堵塞、漏气等弊病；点燃乙炔后再开氧气，火焰由弱逐渐变强，燃烧过程较平稳；而且，当焊炬不正常，点火并开始送气后，发生有回火现象便于立即关闭氧阀，防止回火爆炸。其缺点是点火时会冒黑烟，影响环境卫生。大功率焊炬点火时，应采用摩擦引火器或其他专用点火装置，禁止用普通火柴点火，防止烧伤。

⑤ 关火

关火时，应先关乙炔后关氧气，防止火焰倒袭和产生烟灰。使用大号焊嘴的焊炬在关火时，可先把氧气开大一点，然后关乙炔，最后再关氧气。先开大氧气是为了保持较高流速，有利于避免回火。

⑥ 回火

发生回火时应急速关乙炔，随即关氧气，尽可能缩短操作时间，动作连贯。如果动作熟练，可以同时完成操作。倒袭的火焰在焊炬内会很快熄灭。等枪管体不烫手后，再开氧气，吹出残留在焊炬里的烟灰。

此外，在紧急情况下可拔去乙炔胶管，为此，一般要求乙炔胶管与焊炬接头的连接，应掌握避免太紧或太松，以不漏气并能插上和拔下为原则。

⑦ 防油

焊炬的各连接部位、气体通道及调节阀等处，均不得黏附油脂，以防遇氧气产生燃烧和爆炸。

⑧ 禁止在使用中把焊炬、割炬的嘴在平面上摩擦来清除嘴上的堵塞物。不准把点燃的割炬放在工件或地面上。

⑨ 焊嘴和割嘴温度过高时，应暂停使用或放入水中冷却。

⑩ 焊炬、割炬暂不使用时，不可将其放在坑道、地沟或空气不流通的工件以及容器内。防止因气阀不严密而漏出乙炔，使这些空间内存积易爆炸混合气，易造成遇明火而发生爆炸。

⑪ 焊炬、割炬的保存

焊炬、割炬停止使用后，应拧紧调节手轮并挂在适当的场所，也可卸下胶管，将焊炬、割炬存放在工具箱内。必须强调指出，禁止为使用方便而不卸下胶管，将焊炬、胶管和气源作永久性连接，并将焊炬随意放在容器里或锁在工具箱内。这种做法容易造成容器或工具箱的爆炸或在点火时发生回火，并容易引起氧气胶管爆炸。

3）割炬使用安全要求

除上述焊炬和割炬使用的安全要求外，割炬还应注意以下两点。

① 在开始切割前，工件表面的漆皮、铁屑和油水污物等应加以清理。在水泥地路面上切割时应垫高工件，防止锈皮和水泥地面爆溅伤人。

② 在正常工作停止时，应先关闭氧气调节阀，再关闭乙炔和预热氧阀。

（7）胶管

胶管的作用是向焊割炬输送氧气和乙炔。用于气焊与气割的胶管由优质橡胶内、外胶层和中间棉织纤维层组成，整个胶管需经过特别的化学加工处理，以防止其燃烧。

1）胶管发生着火爆炸的原因

① 由于回火引起着火爆炸。

② 胶管里形成乙炔与氧气或乙炔与空气的混合气。

③ 由于磨损、挤压硬伤、腐蚀或保管维护不善，致使胶管

老化，强度降低并造成漏气。

④ 制造质量不符合安全要求。

⑤ 氧气胶管粘有油脂或高速气流产生的静电火花等。

2）胶管使用安全要求

① 应分别按照氧气胶管国家标准和乙炔胶管国家标准的规定保证制造质量。胶管应具有足够的抗压强度和阻燃特性。

按照现行国家标准《气体焊接设备焊接、切割和类似作业用橡胶软管》GB/T 2550—2007 的规定，氧气胶管为蓝色，乙炔胶管为红色。氧气胶管允许工作压力为 1.5MPa，乙炔胶管允许工作压力为 0.3MPa。

应当指出现行国家标准规定的胶管颜色与 1992 年以前的国际标准（ISO）及我国《焊接与切割安全》GB 9448—1999 氧气胶管为黑色、乙炔胶管为红色的规定不同；而且 1992 年以前国产氧气胶管为红色，乙炔胶管为黑色，容易造成胶管的混用和代用而发生事故，应按照国家标准的规定统一认识和使用。在使用进口设备胶管时应注意加以区别。

② 胶管在保存和运输时必须注意维护，保持胶管的清洁和不受损坏。要避免阳光照射、雨雪浸淋，防止与酸、碱、油类及其他有机溶剂等影响胶管质量的物质接触。操作温度为 $-20\sim+60℃$，距离热源应不少于 1m。

③ 新胶管在使用前，必须先把内壁滑石粉吹除干净，防止焊割炬的通道被堵塞。胶管在使用中应避免受外界挤压和机械损伤，也不得与上述影响胶管质量的物质接触，不得将胶管折叠。

④ 为防止在胶管里形成乙炔与空气（或氧气）的混合气，氧气与乙炔胶管不得互相混用和代用，不得用氧气吹除乙炔胶管的堵塞物。同时应随时检查和消除焊割炬的漏气堵塞等缺陷，防止在胶管内形成氧气与乙炔混合气。

⑤ 工作前应检查胶管有无磨损、扎伤、刺孔、老化裂纹等，发现有上述情况应及时修理或更换。禁止使用回火烧损的胶管。

如果发生回火倒燃进入氧气胶管的现象，回火常常将胶管内胶层烧坏，压缩纯氧又是强氧化剂，若再继续使用必将失去安全性。

⑥ 胶管的长度一般在 10～15m 为宜，过长会增加气体流动的阻力。氧气胶管两端接头用夹子夹紧或用软钢丝扎紧。乙炔胶管只要能插上不漏气便可，不要连接过紧。

⑦ 液化石油气胶管必须使用耐油胶管，爆破压力应大于 4 倍工作压力。

⑧ 气割操作需要较大的氧气输出量，因此与氧气表高压端连接的气瓶（或氧气管道）阀门应全打开，以便保证提供足够的流量和稳定的压力。防止低压表虽已表示工作压力，但使用氧气时压力突然下降，此时容易发生回火，并可能倒燃进入氧气胶管而引起爆炸。

2. 气焊与气割安全操作

（1）气焊、气割操作中的安全事故原因及防护措施

由于气焊、气割使用的是易燃、易爆气体及各种气瓶，而且又是明火操作，因此在气焊、气割过程中存在很多不安全的因素。如果不小心就会造成安全事故。因此必须在操作中遵守安全规程并予以防护。气焊、气割中的安全事故主要有以下几个方面。

1）爆炸事故原因及其防护措施：

气焊、气割中的爆炸事故的原因有：

① 气瓶温度过高引起爆炸。气瓶内的压力与温度有密切关系，随着温度的上升，气瓶内的压力也将上升。当压力超过气瓶耐压极限时就将发生爆炸。因此，应严禁暴晒气瓶，气瓶的放置应远离热源，以避免温度升高引起爆炸。

② 气瓶受到剧烈振动也会引起爆炸。要防止磕碰和剧烈颠簸。

③ 可燃气体与空气或氧气混合比例不当，会形成具有爆炸

性的预混气体。要按照规定控制气体混合比例。

④ 氧气与油脂类物质接触也会引起爆炸。要隔绝油脂类物质与氧气的接触。

2）火灾及其防护措施

由于气焊、气割是明火操作，特别是气割中产生大量飞溅的氧化物熔渣。如果火星和高温熔渣遇到可燃、易燃物质时，就会引起火灾。

3）烧伤、烫伤及其防护措施

① 因焊炬、割炬漏气而造成烧伤。

② 因焊炬、割炬无射吸能力发生回火而造成烧伤。

③ 气焊、气割中产生的火花和各种金属及熔渣飞溅，尤其是全位置焊接与切割还会出现熔滴下落现象，更易造成烫伤。因此，焊工要穿戴好防护器具，控制好焊接、气割的速度，减少飞溅和熔滴下落。

4）有害气体中毒及其防护措施

气焊、气割中会遇到各类不同的有害气体和烟尘。例如，铅的蒸发引起铅中毒，焊接黄铜产生的锌蒸气引起的锌中毒。某些焊剂中的有毒元素，如有色金属焊剂中含有的氯化物和氟化物，在焊接中会产生氯盐和氟盐的燃烧产物，会引起焊工急性中毒。另外，乙炔和液化石油气中均含有一定的硫化氢、磷化氢，也都能引起中毒。所以，气焊、气割中必须加强通风。

总之，气焊、气割中的安全事故会造成严重危害。因此，焊工必须掌握安全使用技术，严格遵守安全操作规程，确保生产的安全。

(2) 气焊、气割的安全操作规程

1）所有独立从事气焊、气割作业人员必须经劳动安全部门或指定部门培训，经考试合格后持证上岗。

2）气焊、气割作业人员在作业中应严格按各种设备及工具的安全使用规程操作设备和使用工具。

3）所有气路、容器和接头的检漏应使用肥皂水，严禁明火检漏。

4）工作前应将工作服、手套及工作鞋、护目镜等穿戴整齐。各种防护用品均应符合国家有关标准的规定。

5）各种气瓶均应竖立稳固或装在专用的胶轮车上使用。

6）气焊、气割作业人员应备有开启各种气瓶的专用扳手。

7）禁止使用各种气瓶做登高支架或支撑重物的衬垫。

8）焊接与切割前应检查工作场地周围的环境，不要靠近易燃、易爆物品。如果有易燃、易爆物品，应将其移至10m以外。要注意氧化渣在喷射方向上是否有他人在工作，要安排他人避开后再进行切割。

9）焊接切割盛装过易燃及易爆物料（如油、漆料、有机溶剂、脂等）、强氧化物或有毒物料的各种容器（桶、罐、箱等）、管段、设备，必须遵守《化工企业焊接与切割中的安全》有关章节的规定，采取安全措施。并且应获得本企业和消防管理部门的动火证明后才能进行作业。

10）在狭窄和通风不良的地沟、坑道、检查井、管段等半封闭场所进行气焊、气割作业时，应在地面调节好焊割炬混合气，并点好火焰，再进入焊接场所。焊炬、割炬应随人进出，严禁放在工作地点。

11）在密闭容器、桶、罐、舱室中进行气焊气割作业时，应先打开施工处的孔、洞、窗，使内部空气流通，防止焊工中毒烫伤，必要时要有专人监护。工作完毕或暂停时，焊割炬及胶管必须随人进出，严禁放在工作地点。

12）禁止在带压力或带电的容器、罐、柜、管道、设备上进行焊接和切割作业。在特殊情况下需从事上述工作时，应向上级主管安全部门申请，经批准并做好安全防护措施后操作方可进行。

13）焊接切割现场禁止将气体胶管与焊接电缆、钢绳绞在一起。

14）焊接切割胶管应妥善固定，禁止缠绕在身上作业。

15）在已停止运转的机器中进行焊接与切割作业时，必须彻底切断机器的电源（包括主机、辅助机械、运转机构）和气源，锁住启动开关，并设置明确安全标志，由专人看管。

16）禁止直接在水泥地上进行切割，防止水泥爆炸。

17）切割工件应垫高 100mm 以上并支架稳固，对可能造成烫伤的火花飞溅进行有效防护。

18）对悬挂在起重机吊钩或其他位置的工件及设备，禁止进行焊接与切割。如必须进行焊接切割作业，应经企业安全部门批准，采取有效安全措施后方准作业。

19）气焊、气割所有设备上禁止搭架各种电线、电缆。

20）露天作业时遇有六级以上大风或下雨时应停止焊接或切割作业。

七、电阻焊

（一）电阻焊概述

1. 电阻焊原理

（1）电阻焊原理

电阻焊在焊接的分类中属于压焊。将准备连接的工件置于两电极之间加压，并对焊接处通以较大电流，利用工件电阻产生的热量加热并形成局部熔化（或达塑性状态），断电后在压力继续作用下，形成牢固接头。这种焊接工艺过程就称为电阻焊。

（2）电阻焊的热源　当电流通过导体时，能使导体发热，其发热量由焦耳-楞次定律确定：

$$Q = I^2 \cdot R \cdot t$$

式中　Q——所产生的热量，焦（J）；

I——焊接电流，安（A）；

R——焊接区的电阻，欧（Ω）；

t——通电时间，秒（s）。

电阻焊时，R 为焊接区的电阻，它是由工件间的接触电阻和焊件导电部分的电阻两部分所组成。

1）接触电阻　一个经过任何加工，甚至磨削加工的焊件，在显微镜下其表面仍然是凹凸不平的。因此，当两个焊件互相压紧时，不可能沿整个平面相接触，而只是在个别凸出点上相接触，如图 7-1 所示。如果在两个焊件间通上电流，则电流只能沿这些实际接触点通过，这样使电流通过的截面积显著减少，从而形成了接触电阻。

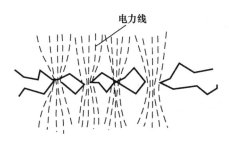

电力线

图 7-1　电流通过焊件间接触点的情况

　　接触电阻的大小与电极压力、材料性质、焊件的表面状况及温度有关。任何能够增大实际接触面积的因素，都会减小接触电阻。对同种材料而言，加大电极压力，即会增加实际接触面积，减小接触电阻。在同样压力下，材料越软，实际接触面积越大，接触电阻也越小。

　　增加温度，等于降低材料的硬度，也就是材料变软，实际接触面加大，所以接触电阻也下降。当焊件表面存在氧化膜和其他污物时，则会显著增加接触电阻。

　　同样，在焊件与电极之间也会产生接触电阻，对电阻焊过程是不利的，所以焊件和电极表面在焊前必须仔细清理，尽可能地减小它们之间的接触电阻。

　　2）焊件导电部分的电阻　　焊件是导体，其本身具有电阻，电阻按下式确定：

$$R_{件} = \rho \cdot \frac{L}{F} \tag{7-1}$$

式中　　$R_{件}$——焊件导体电阻，Ω；

　　　　ρ——焊件金属电阻率，$\Omega \cdot cm$；

　　　　L——焊件导电部分长度，cm；

　　　　F——焊件导电部分截面积，cm^2。

　　由上式可知，$R_{件}$ 与焊接材料的电阻率有很大关系，电阻率低的材料（如铜、铝及其合金）$R_{件}$ 就小，应选用较大功率的焊机焊接。相反，电阻率大的材料（如不锈钢）$R_{件}$ 就大，可在较小功率的焊机上焊接。

2. 电阻焊特点

（1）电阻焊与其他焊接方法相比，工艺上两个最显著的特点：

1）采用内部热源　利用电流通过焊接区的电阻产生的热量进行加热。

2）必须施加压力　在压力的作用下，通电加热、冷却，形成接头。

（2）电阻焊和其他方法相比的优点：

1）因是内部热源，热量集中，加热时间短，在焊点形成过程中始终被塑性环包围，故电阻焊冶金过程简单，热影响区小，变形小，易于获得质量较好的焊接接头。

2）电阻焊焊接速度快，特别对点焊来说，甚至 1s 可焊接 4～5 个焊点，故生产率高。

3）除消耗电能外，电阻焊不同于电弧焊、气焊等方法，可节省材料，不需消耗焊条、氧气、乙炔、焊剂等，因此成本较低。

4）与铆接结构相比，质量轻、结构简化，易于得到形状复杂的零件。减轻结构质量不但节省金属，还能改进结构承载能力，减少动力消耗，提高运输机械运行速度。

5）操作简便，易于实现机械化、自动化。

6）改善劳动条件，电阻焊所产生的烟尘、有害气体少。

7）表面质量好，易于保证气密。采用点焊或缝焊装配，可获得较好的表面质量，避免金属表面的损伤。

（3）电阻焊不足之处：

1）由于焊接在短时间内完成，需要用大电流及高电极压力，因此焊机容量要大，其价格比一般弧焊机贵数倍至数十倍。

2）电阻焊机大多工作固定，不如焊条电弧焊等灵活、方便。

3. 常用的电阻焊方法

常用的电阻焊方法有点焊、缝焊和对焊等。

（二）对焊及对焊设备

对焊　对焊是电阻焊其中的一大类。对焊在建筑业方面用于钢筋焊接，在造船、汽车及一般机械工业中占有重要位置，如船用锚链、汽车曲轴、飞机上操纵用拉杆均有应用。

对焊件均为对接接头，按加压和通电方式分为电阻对焊和闪光对焊。

1. 电阻对焊

电阻对焊时，将焊件置于钳口（即电极）中夹紧，并使两端面压紧，然后通电加热，当零件端面及附近金属加热到一定温度（塑性状态）时，突然增大压力进行顶锻，使两个零件在固态下形成牢固的对接接头，如图7-2所示。

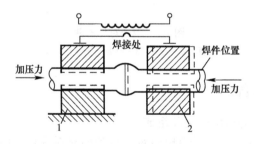

图7-2　电阻对焊原理

1—固定电极；2—移动电极

电阻对焊的接头较光滑，无毛刺，在管道、拉杆以及小链环焊接中采用。由于对接面易受空气侵袭而形成夹杂物，使接头冲击性能降低，所以受力要求高的焊件应在保护气中进行电阻对焊。

2. 闪光对焊

闪光对焊是对焊的主要形式，在生产中应用十分广泛。闪光对焊时，将焊件置于钳口中夹紧后，先接通电源，然后移动可动夹头，使焊件缓慢靠拢接触，因端面个别点的接触而形成火花，加热到一定程度（端面有熔化层，并沿长度有一定塑性区）后，突然加速送进焊件，并进行顶锻。这时熔化金属被全部挤出结合面之外，而靠大量塑性变形形成牢固接头，如图 7-3 所示。

用这种方法所焊得的接头因加热区窄，端面加热均匀，接头质量较高，生产率也高，故常用于重要的受力对接件，如钢筋、涡轮轴等。

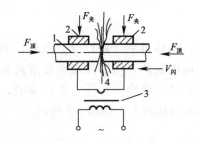

图 7-3　闪光对焊原理

1—焊件；2—夹头；3—电源变压器；4—火花

3. 对焊设备

（1）对焊机的分类和组成

1）按工艺方法分有电阻对焊机和闪光对焊机，而后者又可分为连续闪光对焊机和预热闪光对焊机。

2）按用途分有通用对焊机和专用对焊机。

3）按送进机构分有弹簧式、杠杆式、电动凸轮式、气压送进液压阻尼式和液压式对焊机。

4）按夹紧机构分有偏心式、杠杆式、螺旋式对焊机。而杠杆式对焊机和螺旋式对焊机又可分为手动对焊机和机械传动式对焊机。螺旋对焊机又分为气压传动式、液压传动式和电动机传动式对焊机。

5）按自动化程度分有手动对焊机、自动对焊机或半自动对焊机。

（2）对焊机的组成

对焊机的结构如图 7-4 所示。它是由机架、导轨、固定夹具和动夹具、送进机构、夹紧机构、支点（顶座）、变压器、控制系统几部分组成。

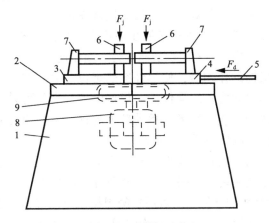

图 7-4　对焊机示意

1—机架；2—导轨；3—固定座板；4—动板；5—送进机构；6—夹紧机构；
7—顶座；8—变压器；9—软导线

1）机架和导轨　机架上紧固着对焊机的全部基本部件。上面装有夹头和送进机构，下面装有变压器。机架通常用型钢和钢板焊制而成。焊接时，机架承受着巨大的顶锻力，因而机架应有足够的刚性。

导轨用来保证动板可靠的移动，以便送进焊件。顶锻时，顶锻反作用力通过导轨传递到机座上。因此，要求导轨具有足够的刚性、精度和耐磨性。

2）送进机构　送进机构的作用是使焊件同动夹具一起移动，并保证有所需的顶锻力。送进机构应满足以下要求：保证动板按所要求的移动直线工作；当预热时，能往返移动；提供必要的顶锻力；能均匀的运动而没有冲击和振动。

上述要求可通过不同结构形式来保证，目前常用的送进机构有手动杠杆式，多用于100kW以下的中小功率焊机中；弹簧式送进机构，多用于压力小于750~1000N的电阻对焊机上；电动凸轮式送进机构，多用于中、大功率自动对焊机上。

3）夹紧机构 夹紧机构由两个夹具构成，一个是固定的，称为固定夹具；另一个是可移动的，称为动夹具。固定夹具直接安装在机架上，与焊接变压器二次线圈的一端相接，但在电气上与机架绝缘；动夹具安装在动板上，可随动板左右移动，在电气上与焊接变压器二次线圈的另一端相连。

夹紧机构的作用是：使焊件准确定位；紧固焊件，以传递水平方向的顶锻力；给焊件传送焊接电流。夹具可采用无顶座和有顶座两个系统，后者可承受较大的顶锻力。而夹紧力的作用主要是保证电极与焊件的良好接触。

目前常用的夹具结构形式有：手动偏心轮夹紧、手动螺旋夹紧、气压式夹紧、气-液压式夹紧和液压式夹紧。

4）对焊机焊接回路 对焊机的焊接回路一般包括电极、导电平板、二次软线及变压器二次线圈，如图7-5所示。

焊接回路是由刚性和柔性的导线元件相互串联（有时并联）构成的导电回路。

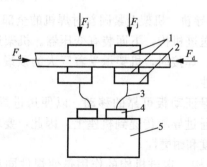

图 7-5　对焊机的焊接回路

1—电极；2—动板；3—二次软导线；4—二次线圈；5—电源

（3）对焊电极 要根据不同的焊件尺寸来选择电极形状，生产中常用的对焊电极形状如图7-6所示。

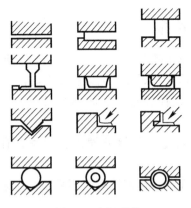

图 7-6　电极形状

（三）闪光对焊工艺

1. 闪光对焊的过程

闪光对焊是对焊的主要形式，在生产中应用广泛。它的过程主要由闪光（加热）和随后的顶锻两个阶段组成。

（1）闪光过程　在焊件两端面接触时，许多小触点通过大的电流密度而熔化形成液体金属过梁。在高温下，过梁不断爆破，由于金属蒸气压力和电磁力的作用，液态金属微粒不断从接口中喷射出来，形成火花束流-闪光。闪光过程中，工件端面被加热，温度升高；闪光过程结束前，必须使工件整个端面形成一层液态金属层，使一定深度的金属达到塑性变形温度。

由于闪光的结果，接口间隙中气体介质的含氧量减少，氧化力降低，可以提高接头质量。

（2）顶锻过程　闪光阶段结束时，立即对工件施加足够的顶锻压力，过梁爆破被停止，进入顶锻阶段。在压力作用下，接头表面液态金属和氧化物被清除；使洁净的塑性金属紧密接触，并产生塑性变形，促进再结晶进行，形成共同晶粒，得到牢固、优质接头。

2. 工艺方法的选择

闪光对焊具有工效高、材料省、费用低、质量好等优点。

钢筋的对接焊接其焊接工艺方法按钢筋直径选择：

（1）当钢筋直径较小，钢筋牌号较低，可采用"连续闪光焊"；

（2）当超过规定，且钢筋端面较平整，宜采用"预热闪光焊"；

（3）当超过规定，且钢筋端面不平整，应采用"闪光-预热闪光焊"。

三种钢筋闪光对焊工艺过程，见图 7-7。

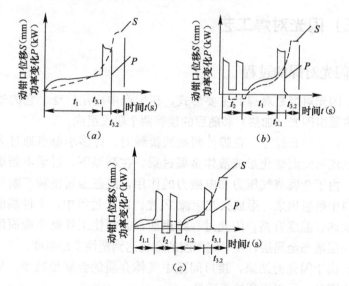

图 7-7　钢筋闪光对焊工艺过程图解

（a）连续闪光焊；（b）预热闪光焊；（c）闪光-预热闪光焊

t_1—烧化时间；$t_{1.1}$—一次烧化时间；$t_{1.2}$—二次烧化时间；

t_2—预热时间；$t_{3.1}$—有电顶锻时间；$t_{3.2}$—无电顶锻时间

采用哪一种钢筋闪光对焊与焊机的容量、钢筋牌号和直径大小有密切关系，一定容量的焊机只能焊接与之相适应规格的钢筋。因此，表7-1对连续闪光焊采用不同容量的焊机时，对不同牌号钢筋所能焊接的上限直径加以规定，以保证焊接质量。当超过表中限值时，应采用预热闪光焊。

连续闪光焊钢筋上限直径 表 7-1

焊机容量（kV·A）	钢筋牌号	钢筋直径（mm）
160 （150）	HPB235	20
	HRB335	22
	HRB400	20
	RRB400	20
100	HPB235	20
	HRB335	18
	HRB400	16
	RRB400	16
80 （75）	HPB235	16
	HRB335	14
	HRB400	12
	RRB400	12
40	HPB235	
	Q235	
	HRB335	10
	HRB400	
	RRB400	

3. 工艺参数的选择

闪光对焊时，应选择合适的调伸长度、烧化留量、顶锻留量以及变压器级数等焊接参数。

连续闪光焊时的留量应包括烧化留量、有电顶锻留量和无电顶锻留量；闪光-预热闪光焊时的留量应包括：一次烧化留量、预热留量、二次烧化留量、有电顶锻留量和无电顶锻留量。

（1）闪光对焊留量的图解，见图7-8。

1）伸长度的选择，应随着钢筋牌号的提高和钢筋直径的加大而增长。主要是减缓接头的温度梯度，防止在热影响区产生淬硬组织。当焊接 HRB400、HRB500 钢筋时，调伸长度宜在 40～60mm 内选用。

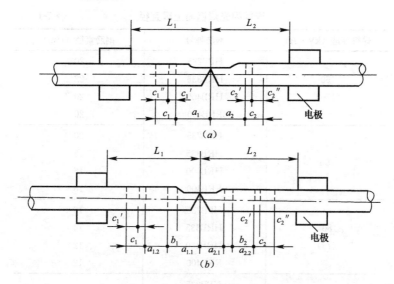

图 7-8　钢筋闪光对焊留量图解

(a) 连续闪光焊：L_1、L_2—调伸长度；a_1+a_2—烧化留量；c_1+c_2—顶锻留量；
$c_1'+c_2'$—有电顶锻留量；$c_1''+c_2''$—无电顶锻留量

(b) 闪光-预热闪光焊；L_1、L_2—调伸长度；$a_{1.1}+a_{2.1}$—一次烧化留量；
$a_{1.2}+a_{2.2}$—二次烧化留量；b_1+b_2—预热留量；$c_1'+c_2'$—有电顶锻留量；
$c_1''+c_2''$—无电顶锻留量

2) 烧化留量的选择，应根据焊接工艺方法确定。当连续闪光焊接时，烧化过程应较长。烧化留量应等于两根钢筋在断料时切断机刀口严重压伤部分（包括端面的不平整度），再加 8mm。

闪光-预热闪光焊时，应区分一次烧化留量和二次烧化留量。一次烧化留量等于两根钢筋在断料时切断机刀口严重压伤部分，二次烧化留量不应小于 10mm。预热闪光焊时的烧化留量不应小于 10mm。

3）需要预热时，宜采用电阻预热法。预热留量应为 1～2mm，预热次数应为 1～4 次；每次预热时间应为 1.5～2s，间歇时间应为 3～4s。

4）顶锻留量应为 4～10mm，并应随钢筋直径的增大和钢筋牌号的提高而增加。其中，有电顶锻留量约占 1/3，无电顶锻留量约占 2/3，焊接时必须控制得当。

焊接 HRB500 钢筋时，顶锻留量宜稍为增大，以确保焊接质量。

顶锻留量是一重要的焊接参数。顶锻留量太大，会形成过大的镦粗头，容易产生应力集中；太小又可能使焊缝结合不良，降低了强度。经验证明，顶锻留量以 4～10mm 为宜。

（2）变压器级数应根据钢筋牌号、直径、焊机容量以及焊接工艺方法等具体情况选择。

若变压器级数太低，次级电压也低，焊接电流小，就会使闪光困难，加热不足，更不能利用闪光保护焊口免受氧化；相反，如果变压器级数太高，闪光过强，也会使大量热量被金属微粒带走，钢筋端部温度升不上去。

（3）高强度钢筋的焊接

RRB400 钢筋的特点—水淬硬化，所以 RRB400 钢筋闪光对焊时，与热轧钢筋比较，应减小调伸长度，提高焊接变压器级数，缩短加热时间，快速顶锻，形成快热快冷条件，使热影响区长度控制在钢筋直径的 0.6 倍范围之内。

HRB500 钢筋焊接时，应采用预热闪光焊或闪光-预热闪光焊工艺。当接头拉伸试验结果发生脆性断裂，或弯曲试验不能达到规定要求时，尚应在焊机上进行焊后热处理。

焊后热处理工艺应符合下列要求：

1）待接头冷却至常温，将电极钳口调至最大间距，重新夹紧；

2）应采用最低的变压器级数，进行脉冲式通电加热；每次脉冲循环，应包括通电时间和间歇时间，并宜为 3s；

3）焊后热处理温度应在 750～850℃之间，随后在环境温度下自然冷却。

（4）螺丝端杆与预应力钢筋对焊

当螺丝端杆与预应力钢筋对焊时，因两者牌号、强度及直径均差异较大，焊接比较困难。为了使两者均匀加热，使之接头两侧轴线一致，保证焊接质量，宜事先对螺丝端杆进行预热，并减小调伸长度；钢筋一侧的电极应垫高，确保两者轴线一致。

（5）钢筋端面的处理

1）采用 UN2-150 型对焊机（电动机凸轮传动）或 UN17-150-1 型对焊机（气-液压传动）进行大直径钢筋焊接时，为了提高质量，针对其端面不平的特点，宜首先采取锯割或气割方式对钢筋端面进行平整处理；然后，采取预热闪光焊工艺。

2）封闭环式箍筋采用闪光对焊时，钢筋断料宜采用无齿锯切割，断面应平整。当箍筋直径为 12mm 及以上时，宜采用 UN1-75 型对焊机和连续闪光焊工艺；当箍筋直径为 6～10mm，可使用 UN11-40 型对焊机，由于箍筋为封闭环式，焊接时，有一小部分焊接电流经环状钢筋流过，产生分流现象，造成部分能耗，因此应选择较大变压器级数。

3）钢筋端面平整，特别是直径较小钢筋，尤为重要，可以使接头对中好，不发生接头错位和轴线偏移。

4. 闪光对焊操作过程

（1）焊前准备

1）焊前对接头处进行处理，清除端部的油污、锈蚀；弯曲的端头不能装夹，必须切掉。

2）选择好参数，表 7-2 供参考选择。

（2）对焊操作

1）按焊件的形状调整钳口，使两钳口中心线对准。

2）调整好钳口距离。

闪光对焊工艺参数 表 7-2

钢筋直径 （mm）	顶锻压力 （MPa）	伸出长度 （mm）	烧化留量 （mm）	顶锻留量 （mm）	烧化时间 （s）
5	60	9	3	1	1.5
6	60	11	3.5	1.3	1.9
8	60	13	4	1.5	2.25
10	60	17	5	2	3.25
12	60	22	6.5	2.5	4.25
14	70	24	7	2.8	5.00
16	70	28	8	3	6.75
18	70	30	9	3.3	7.5
20	70	34	10	3.6	9.0
25	80	42	12.5	4.0	13.00
30	80	50	15	4.6	20.00
40	80	66	20	6.0	45

3）调整行程螺钉。

4）将钢筋放在两钳口上，并将两个夹头夹紧、压实。

5）手握手柄将两钢筋接头端面顶紧并通电，利用电阻热对接头部位预热，加热至塑性状态后，拉开钢筋，使两接头中间有约 1～2mm 的空隙。焊接过程进入闪光阶段，火花飞溅喷出，排出接头间的杂质，露出新的金属表面。此时，迅速将钢筋端头顶紧，并断电继续加压，但不能造成接头错位、弯曲。加压使接头处形成焊包，焊包的最大凸出量高于母材 2mm 左右为宜。

钢筋闪光对焊的操作要领是：预热要充分；顶锻前瞬间闪光要强烈；顶锻快而有力。

6）结束后卸下钢筋，过程完成。

5. 闪光对焊异常现象、焊接缺陷

在闪光对焊生产中，当出现异常现象或焊接缺陷时，应查找原因，采取措施，及时消除。消除措施见表 7-3。

异常现象和焊接缺陷	措施
烧化过分剧烈并产生强烈的爆炸声	1. 降低变压器级数； 2. 减慢烧化速度
闪光不稳定	1. 消除电极底部和表面的氧化物； 2. 提高变压器级数； 3. 加快烧化速度
接头中有氧化膜、未焊透或夹渣	1. 增加预热程度 2. 加快临界顶锻时的烧化速度； 3. 确保带电顶锻过程； 4. 加快顶锻速度； 5. 增大顶锻压力
接头中有缩孔	1. 降低变压器级数； 2. 避免烧化过程过分强烈； 3. 适当增大顶锻留量及顶锻压力
焊缝金属过烧	1. 减小预热程度； 2. 加快烧化速度，缩短焊接时间； 3. 避免过多带电顶锻
接头区域裂纹	1. 检验钢筋的碳、硫、磷含量；若不符合规定时应更换钢筋； 2. 采取低频预热方法，增加预热程度
钢筋表面微熔及烧伤	1. 消除钢筋被夹紧部分的铁锈和油污； 2. 消除电极内表面的氧化物； 3. 改进电极槽口形状增大接触面积； 4. 夹紧钢筋
接头弯折或轴线偏移	1. 正确调整电极位置； 2. 休整电极钳口或更换已变形的电极； 3. 切除或矫直钢筋的接头

6. 质量检验与验收

（1）闪光对焊接头的质量检验，应分批进行外观检查和力学性能检验，并应按下列规定作为一个检验批：

1）在同一台班内，由同一焊工完成的 300 个同牌号、同直径钢筋焊接接头应作为一批。当同一台班内焊接的接头数量较少，可在一周之内累计计算；累计仍不足 300 个接头时，应按一批计算；

2）力学性能检验时，应从每批接头中随机切取 6 个接头，其中 3 个做拉伸试验，3 个做弯曲试验；

3）焊接等长的预应力钢筋（包括螺丝端杆与钢筋）时，可按生产时同等条件制作模拟试件；

4）螺丝端杆接头可只做拉伸试验；

5）封闭环式箍筋闪光对焊接头，以 600 个同牌号、同规格的接头作为一批，只做拉伸试验。

（2）闪光对焊接头外观检查结果，应符合下列要求：

1）接头处不得有横向裂纹；

2）与电极接触处的钢筋表面不得有明显烧伤；

3）接头处的弯折角不得大于 $3°$；

4）接头处的轴线偏移不得大于钢筋直径的 0.1 倍，且不得大于 2mm。

（3）当模拟试件试验结果不符合要求时，应进行复验。复验应从现场焊接接头中切取，其数量和要求与初始试验相同。

（四）电阻焊安全

1. 一般要求

（1）电阻焊设备

根据工作情况选择电阻焊设备时，必须考虑焊接各方面的安全因素。电阻焊所使用的设备必须符合相应的焊接设备标准。使用闪光焊设备时其周围 15m 内应无易燃易爆物品，并备有专用消防器材。

（2）操作者

被指定操作电阻焊设备的人员必须在相关设备的维护及操

作方面经适宜的培训及考核，其工作能力应得到必要的认可。

（3）操作程序

每台（套）电阻焊设备的操作程序应完备。

2. 电阻焊设备的安装

电阻焊设备的安装必须在专业技术人员的监督指导下进行。焊机安装应高出地面 20～30cm，周围应有专用排水沟。

3. 保护装置

（1）启动控制装置

所有电阻焊设备上的启动控制装置（诸如：按钮、脚踏开关、回缩弹簧及手提枪体上的双道开关等）必须妥善安置或保护，以免误启动。

（2）固定式设备的保护措施

1）有关部件

所有与电阻焊设备有关的链、齿轮、操作连杆及皮带都必须按规定要求妥善保护。

2）单点及多点焊机

在单点或多点焊机操作过程中，当操作者的手需要经过操作区域而可能受到伤害时，必须有效地采用下述某种措施进行保护。这些措施包括（但不局限于）：

① 机械保护式挡板、挡块；

② 双手控制方法；

③ 弹键；

④ 限位传感装置；

⑤ 任何当操作者的手处于操作点下面时防止压头动作的类似装置或机构。

3）便携式设备的保护措施

① 支撑系统

所有悬挂的便携焊枪设备（不包括焊枪组件）应配备支撑

系统。这种支撑系统必须具备失效保护性能，即当个别支撑部件损坏时，仍可支撑全部载荷。

② 活动夹头

活动夹头的结构必须保证操作者在作业时，其手指不存在被剪切的危险，否则必须提供保护措施。如果无法取得合适的保护方式，可以使用双柄，即每只手柄上带有安在适当位置上的一或两个操作开关。这些手柄及操作开关与剪切点或冲压点保持足够的距离，以便消除手在控制过程中进入剪切点或冲压点的可能。

装卸工件时要拿稳，双手与电极应保持适当距离；严禁人手进入两电极之间，避免挤压手指。

4. 电气安全

（1）电压

所有固定式或便携式电阻焊设备的外部焊接控制电路必须工作在规定的电压条件下。

（2）电容

高压贮能电阻焊的电阻焊设备及其控制面板必须配置合适的绝缘及完整的外壳保护。外壳的所有拉门必须配有合适的联锁装置。这种联锁装置应保证：当拉门打开时可有效地断开电源并使所有电容短路。

除此之外，还可考虑安装某种手动开关或合适的限位装置作为确保所有电容完全放电的补充安全措施。

（3）扣锁和联锁

1）拉门

电阻焊机的所有拉门；检修面板及靠近地面的控制面板必须保持锁定或联锁状态以防止无关人员接近设备的带电部分。

2）远距离设置的控制面板

置于高台或单独房间内的控制面板必须锁定、联锁住或者是用挡板保护并予以标明。当设备停止使用时，面板应关闭。

（4）火花保护

必须提供合适的保护措施防止飞溅的火花产生危险，如安装屏板、佩戴防护眼镜。由于电阻焊操作不同，每种方法必须做单独考虑。

使用闪光焊设备时，必须提供由耐火材料制成的闪光屏蔽并应采取适当的防火措施。

（5）急停按钮

在具备下述特点的电阻焊设备上，应考虑设置一个或多个安全急停按钮：

① 需要 3s 或 3s 以上时间完成一个停止动作。

② 撤除保护时，具有危险的机械动作。

急停按钮的安装和使用不得对人员产生附加的危害。

（6）接地

工作前应先检查焊接电源的接地或接零装置，线路连接是否牢固以及绝缘是否良好。同时还应检查冷却水供水系统等，确认正常后才可开始工作。

① 开启电阻焊电源时，应先开冷却水阀门，焊机不得在漏水的情况下运行，以防焊机烧坏。

② 调节焊机功率应在焊机空载下进行。

③ 操作者应穿戴好个人防护用品，如工作帽、完好干燥的工作服、绝缘鞋及手套等。

④ 维修

电阻焊设备必须由专人做定期检查和维护。任何影响设备安全性的故障必须及时报告给安全监督人员。

八、特殊作业安全

在企业的生产过程中焊接的加工对象有时会具有易燃易爆等特殊危险性，有时有特殊的作业环境，如水下或高空，这些都属于焊接的特殊作业。本章内容为化工及燃料容器管道焊补安全和登高焊割作业安全及动火作业。

（一）化工及燃料容器管道焊补安全技术

工厂企业的各种燃料容器（桶、箱、柜、罐和塔等）与管道，在工作中因承受内部介质的压力及温度、化学与电化学腐蚀的作用，或由于存在结构、材料及焊接工艺的缺陷（如夹渣、气孔、咬边、错口、熔合不良和延迟裂纹等），在使用过程中也可能产生裂纹和穿孔。因而在生产过程中的抢修和定期检修时，经常会遇到装盛可燃易爆物质的容器与管道需要动火焊补。

这类焊接操作往往是在任务急、时间紧，处于易燃、易爆、易中毒的情况下进行的。尤其是化工、炼油和冶炼等具有高度连续性生产特点的企业，有时还需在高温、高压下进行抢修，稍有疏忽就会酿成爆炸、火灾和中毒事故，往往会引起整座厂房或整个燃料供应系统的爆炸着火，后果极其严重。

焊补的方法有置换动火与不置换动火两种方式。

1. 置换动火

置换动火就是在焊接动火前实行严格的惰性介质置换，将原有的可燃物排出，使设备管道内的可燃物含量达到安全要求，即可燃气体、蒸气或粉尘的含量大大小于爆炸下限，不会形成爆炸性混合物，才能动火焊补。置换动火是人们从长期生产实践中总结出来的经验，它将爆炸的条件减到最小，是比较安全妥善的办法，一直被广泛采用。但其缺点是费工时、手续多，对于流水线连续生产工艺，则需暂时停产。此外，如果系统设备的弯头死角和支叉较多，往往不易置换干净而留下隐患。

（1）置换动火主要安全措施有：

1）严格清洗　焊补前，通常采用蒸气蒸煮，接着用置换介质（氮气、二氧化碳、水或水蒸气）吹净等方法将容器内部的可燃物质和有毒性物质置换排出。在可燃容器外焊补时，容器内可燃物含量不得超过爆炸下限的 $1/4 \sim 1/5$，如果需进入容器内的焊补操作，还应保证氧的体积分数为 $18\% \sim 21\%$，毒物含量应符合"工业企业设计卫生标准"的规定，并且应以化验或检测结果为准。燃料容器与管道置换动火前必须经过清洗，因为有些可燃易爆介质被吸附在容器、管道内表面的积垢或外表面的保温材料中，由于温差和压力变化的影响，置换后也还能陆续散发出可燃蒸气，导致动火操作中气体成分发生变化而发生爆炸失火事故，所以必须清洗干净。

2）可靠隔离　燃料容器与管道停止工作后，通常是采用盲板将与之连接的出入管路截断，使焊补的容器管道与生产系统完全隔离。为了有效地防止爆炸事故的发生，盲板除必须保证严密不漏气外，还应保证能耐管路的工作压力，避免盲板受压破裂。为此，在盲板与阀门之间应加设放空管或压力表，并派专人看守，否则应将管路拆卸一节。

可靠隔离的另一措施是在厂区和车间内划出固定动火区域。凡可拆卸并有条件移动到固定动火区焊补的设备，必须移至固定动火区内进行，从而尽可能减少在车间和厂房内的动火工作。固定动火区亦必须符合下列防火与防爆要求：动火区周围距易燃、易爆设备管道应 10m 以上；室内的固定动火区与防爆的生产现场要用防火墙隔开，不能有门窗、地沟等串通；常备足够数量的灭火工具和设备；固定动火区禁止使用各种易燃物质（如洗油、油棉丝、锯末等）；周围要划定界线，并有"动火区"

字样的安全标志。

3）气体分析和监视　在检修动火开始前 0.5h 内，必须取混合气样品进行化验分析，检查合格后才能开始动火焊补。焊补过程中需要继续用仪表监测，发现可燃气含量有上升趋势时，要立即暂停动火，再次清洗到合格为止。

4）置换动火前应打开容器的孔洞。为增加泄压面积，动火焊补时应打开容器的人孔、手孔、清扫孔等。严禁焊补未经安全处理和未开孔洞的密封容器。

5）置换动火的安全组织管理措施。

在检修动火前必须制定施工计划，计划中应包括进行检修动火作业的程序、安全措施和施工草图，施工前应与生产人员和救护人员联系并应通知厂内消防队；在工作地点周围 10m 内应停止其他用火工作并将易燃物品移到安全场所；电焊机二次回路电缆及气焊设备乙炔胶管要远离易燃物，防止操作时因线路火花或乙炔管漏气造成起火；检修动火前除应准备必要的材料、工具外，还必须准备好消防器材；在黑暗处或夜间工作，应有足够照明，并准备带有防护罩的低压（12V）行灯等。

（2）燃料容器检修动火发生着火爆炸事故的原因：

1）焊接动火前对容器内可燃物置换不彻底，或取样分析化验及检测数据不准确，或取样检测部位不适当，结果在容器管道内或动火点周围存在着爆炸性混合物。

2）在焊补操作过程中，动火条件发生了变化。

3）动火检修的容器未与生产系统隔绝，致使易燃气体或蒸气互相串通，进入动火区域；或是一面动火，一面生产，互不联系，在放料排气时遇到火花。

4）在尚具有燃烧和爆炸危险的车间仓库等室内进行焊补检修。

5）烧焊未经安全处理或未开孔洞的密封容器。

案例：焊补油管造成恶性爆炸着火事故。

某市的热电厂新安装两套发电设备，是烧油的。安装收尾时，发现有一根油管漏油，此时油罐已灌装一万多吨油。

工区主任让两位工人把漏油的管道进行了清洗和置换，但没有化验检测，就请电焊工焊补。焊工提出异议，认为焊补可能发生事故，但主任非要求焊，说我站在你身边，电焊工只好强行焊接。由于置换不彻底，刚一引弧，油管则发生爆炸，把燃油系统炸坏，紧接着引起一场大火，一万多吨油使 200m² 的面积顿时成了一片火海。大火烧了 20 多个小时，该市动用全部泡沫还不够，只好求邻近的其他城市消防力量帮助才把火扑灭，泥地被烧焦了很厚一层。该爆炸着火事故，造成 7 人死亡，25 人烧伤，损失 123 万元。

教训：容器管道内可燃物的置换是否彻底，应以化验检测的结果为准，不得凭经验，更不得在未经化验检测合格的情况，强行焊补。

2. 带压不置换动火

带压不置换动火是指含有可燃气体的设备、管道，在一定条件下未经置换直接动火的补焊作业。它的基本原理是严格控制系统内的氧含量，使可燃物含量大大超过爆炸上限，并保持正压操作，以达到安全要求。

带压不置换焊补不需要置换容器内的原有气体，有时可以在不停车的情况下进行（如焊补气柜），需要处理的手续少，作业时间短，有利于生产。但由于只能在容器外动火，而且与置换动火相比，其安全性差，所以这项技术目前尚被国家有关安全规程禁止。

（二）登高焊割作业安全技术

焊工在离地面 2m 或 2m 以上的地点进行焊接与切割操作时，即称为登高焊割作业。登高焊割作业必须采取防止触电（电击）、火灾、高处坠落及物体打击等方面的安全措施。

1. 在登高接近高压线或裸导线排时，或距离低压线小于2.5m时，必须停电并经检查确无触电危险后，方准操作。电源切断后，应在开关上挂以"有人工作，严禁合闸"的警告牌。

2. 登高焊割作业应设有监护人，密切注意焊工的动态。采用电焊时，电源开关应设在监护人近旁，遇有危险征兆时立即拉闸，并进行处理。

3. 登高作业时不得使用带有高频振荡器的焊机，以防万一触电，失足跌落。严禁将焊接电缆缠绕在身上，以防绝缘损坏的电缆造成触电。

4. 凡登高进行焊割作业和进入登高作业区域，必须戴好安全帽，使用标准的防火安全带、穿胶底鞋，禁止穿硬底鞋和带钉易滑的鞋。安全带应坚固牢靠，安全绳长度不可超过2m，不得使用耐热性差的材料，如尼龙安全带。

5. 焊工登高作业时，应使用符合安全要求的梯子。梯脚需包橡胶防滑，与地面夹角不大于60°，上下端放置牢靠。人字梯要使用限跨钩挂好，夹角为40°±5°。不准两人在同一梯子上工作，不得在梯子顶档工作。禁止使用盛装过易燃易爆物质的容器（如油桶、电石桶等）作为登高的垫脚物。

6. 脚手板应事先经过检查，不得使用有腐蚀或损伤的脚手板。脚手板单程人行道宽度不得小于0.6m，双程人行道宽度不得小于1.2m，上下坡度不得大于1：3，板面要钉防滑条并装扶手。使用安全网时要张挺，不得留缺口，而且层层翻高。不得使用尼龙安全网。应经常检查安全网的质量，发现损坏时，必须废弃并重新张挺新的安全网。

7. 登高作业的焊条、工具和小零件必须装在牢固无孔的工具袋里，工作过程及结束后，应将作业点周围的所有物件清理干净，防止落下伤人。可以使用绳子或起重工具吊运工件和材料，不得在空中投掷抛递物品。焊条头不得随意下扔，否则会砸伤、烫伤地面人员，或引燃地面可燃品。

8. 登高焊割作业点周围及下方地面上火星所及的范围内，

应彻底清除可燃易爆物品。对确实无法移动的可燃物品要采取可靠的防护措施，例如用阻燃材料覆盖遮严，在允许的情况下，还可将可燃物喷水淋湿，增强耐火性能。高处焊接作业，火星飞得远，散落面大，应注意风向风力，对下风方向的安全距离应根据实际情况增大，以确保安全。一般在作业点下方 10m 之内应用栏杆围挡。作业现场必须备有消防器材。工作过程中要有专人看火，要铺设接火盘接火。焊割结束后必须检查是否留下火种，确认安全后，才能离开现场。

9. 登高焊割人员必须经过健康检查合格。患有高血压、心脏病、精神病和癫痫病等以及医生证明不能登高作业者一律不准登高作业。酒后不得登高焊割作业。

10. 在 6 级以上大风、雨天、雪天和雾天等条件下无措施时禁止登高焊割作业。

案例：某市一建筑队在高层建筑上电焊，虽然有安全网，但材料不是耐热防火的，在焊接过程中，飞溅散落的熔渣铁水把安全网烧成好几个大洞。有一位焊工在操作中不慎从高处坠落，人体穿过安全网的孔洞，接着坠落地面身亡。

又如某厂一电焊工在 12m 高的钢架上焊活，身系尼龙安全带，当他焊完一条焊缝，转身到另一根槽钢去焊接时，尼龙安全带接触刚焊完的焊缝，高温将安全带烧断，加上他转身的姿势，一脚踩空从高处坠落，多处骨折受伤，终生残疾。

教训：登高焊割作业必须选用耐热防火材料制造的安全带和安全网，否则，安全措施不符要求，切不可贸然登高焊割作业。

(三) 禁火区的动火管理

1. 三级动火的概念与分级

(1) 三级动火的概念

所谓动火，是指在生产中动用明火或可能产生火种的作业。

如熬沥青、烘砂、烤板等明火作业和凿水泥基础、打墙眼、电气设备的耐压试验、电烙铁锡焊、凿键槽、开坡口等易产生火花或高温的作业等都属于动火的范围。动火作业所用的工具一般是指电焊、气焊（割）、喷灯、砂轮、电钻等。

(2) 动火作业根据作业区域火灾危险性的大小分为特级、一级、二级三个级别。

1）特级动火：是指在处于运行状态的易燃易爆生产装置和罐区等重要部位的具有特殊危险的动火作业。所谓特殊危险是相对的，而不是绝对的。如果有绝对危险，必须坚决执行生产服从安全的原则，就绝对不能动火。特级动火的作业一般是指在装置、厂房内包括设备、管道上的作业。凡是在特级动火区域内的动火必须办理特级动火证。

2）一级动火：是指在甲、乙类火灾危险区域内动火的作业。甲、乙类火灾危险区域是指生产、储存、装卸、搬运、使用易燃易爆物品或挥发、散发易燃气体、蒸气的场所。凡在甲、乙类生产厂房、生产装置区、贮罐区、库房等与明火或散发火花地点的防火间距内的动火，均为一级动火。其区域为 30m 半径的范围，所以，凡是在这 30m 范围内的动火，均应办理一级动火证。

3）二级动火：是指特级动火及一级动火以外的动火作业。即指化工厂区内除一级和特级动火区域外的动火和其他单位的丙类火灾危险场所范围内的动火。凡是在二级动火区域内的动火作业均应办理二级动火许可证。

以上分级方法只是一个原则，但若企业生产环境发生了变化，其动火的管理级别亦应做相应的变化。如全厂、某一个车间或单独厂房的内部全部停车，装置经清洗、置换分析都合格，并采取了可靠的隔离措施后的动火作业，可根据其火灾危险性的大小，全部或局部降为二级动火管理。若遇节假日或在生产不正常的情况下动火，应在原动火级别上作升级动火管理，如将一级升为特级、二级升为一级等。

2. 固定动火区和禁火区

工业企业应当根据本企业的火灾危险程度和生产、维修、建设等工作的需要，经使用单位提出申请，企业的消防安全部门登记审批，划定出固定的动火区和禁火区。

(1) 设立固定动火区的条件

固定动火区系指允许正常使用电气焊（割）、砂轮、喷灯及其他动火工具从事检修、加工设备及零部件的区域。在固定动火区域内的动火作业，可不办理动火许可证，但必须满足以下条件：

1）固定动火区域应设置在易燃易爆区域全年最小频率内的上风方向或侧风方向。

2）距易燃易爆的厂房、库房、罐区、设备、装置、阴井、排水沟、水封井等不应小于 30m，并应符合有关规范规定的防火间距要求。

3）固定动火区应用实体防火墙与其他部分隔开，门窗向外开，道路要畅通。

4）生产正常放空或发生事故时，能保证可燃气体不会扩散到固定动火区，在任何气象条件下，动火区域内可燃气体、蒸气的浓度都必须小于爆炸下限的20％。

5）固定动火区不准存放任何可燃物及其他杂物，并应配备一定数量的灭火器材。

6）固定动火区应设置醒目、明显的标志。其标志应包括"固定动火区"的字样；动火区的范围（长×宽）；动火工具、种类；防火责任人；防火安全措施及注意事项；灭火器具的名称、数量等内容。

除以上条件外，在实际工作中还应注意固定动火区与长期用火的区别。如在某一化工生产装置中，因生产工艺需要设有明火加热炉，那么在其附近并非是固定动火区，而可定为长期用火作业。

(2) 禁火区的划定

在易燃易爆工厂、仓库区内固定动火区之外的区域一律为禁火区。在禁火区域内因检修、试验及正常的生产动火、用火等，均要办理动火或用火许可证。各类动火区、禁火区均应在厂图上标示清楚。

3. 动火许可证及审核、签发

(1) 动火许可证

1) 动火许可证的主要内容

凡是在禁火区域内进行的动火作业，均须办理"动火许可证"。动火许可证应清楚地标明动火等级、动火有效期、申请办证单位、动火详细位置、工作内容、动火手段、安全防火措施和动火分析的取样时间、取样地点、分析结果、每次开始动火时间以及各项责任人和各级审批人的签名及意见。

2) 动火许可证的有效期

动火许可证的有效期根据动火级别而确定。特级动火和一级动火的许可证有效期不应超过 1 天（24h）；二级动火许可证的有效期可为 6 天（144h）。时间均应从火灾危险性动火分析后不超过 30min 的动火时算起。

3) 动火许可证的审批程序和终审权限

为严格对动火作业的管理，区分不同动火级别的责任，对动火许可证应按以下程序审批：

① 特级动火：由动火部门（车间）申请，厂防火安全管理部门复查后报主管厂长或总工程师终审批准。

② 一级动火：由动火部位的车间主任复查后，报厂防火安全管理部门终审批准。

③ 二级动火：由动火部位所属基层单位报主管车间主任终审批准。

(2) 各项责任人的职责

从动火申请到终审批准，各有关人员不是签字了事，而应负有一定的责任，必须按各级的职责认真落实各项措施和规程，确保动火作业的安全。各项责任人的职责如下：

1）动火项目负责人通常由分派给动火执行人动火作业任务的当班班长、组长或临时负责人担任。动火项目负责人对执行动火作业负全责，必须在动火之前详细了解作业内容和动火部位及其周围的情况，参与动火安全措施的制定，并向作业人员交待任务和防火安全注意事项。

2）动火执行人在接到动火许可证后，详细核对各项内容是否落实，审批手续是否完备。若发现不具备动火条件时，有权拒绝动火，并向单位防火安全管理部门报告。动火执行人要随身携带动火许可证，严禁无证作业及审批手续不完备作业。每次动火前30min（含动火停歇超过30min的再次动火）均应主动向现场当班的班、组长呈验动火许可证，并让其在动火许可证上签字。

3）动火监护人一般由动火作业所在部位（岗位）的操作人员担任，但必须是责任心强、有经验、熟悉现场、掌握灭火手段的操作工。动火监护人负责动火现场的防火安全检查和监护工作，检查合格，应当在动火许可证上签字认可。动火监护人在动火作业过程中不准离开现场，当发现异常情况时，应立即通知停止作业，及时联系有关人员采取措施。作业完成后，要会同动火项目负责人、动火执行人进行现场检查，消除残火，确定无遗留火种后方可离开现场。

4）班、组长（值班长、工段长）负责生产与动火作业的衔接工作。在动火作业中，生产系统如有紧急或异常情况时，应立即通知停止动火作业。

5）动火分析人要对分析结果负责，根据动火许可证的要求及现场情况亲自取样分析，在动火许可证上如实填写取样时间和分析结果，并签字认可。

6）各级审查批准人，必须对动火作业的审批负全责。必须亲自到现场详细了解动火部位及周围情况，审查并确定动火级别、防火安全措施等，在确认符合安全条件后，方可签字批准动火。

(3) 动火作业六大禁令

1）动火证未经批准，禁止动火。

2）不与生产系统可靠隔绝，禁止动火。

3）不进行清洗、置换不合格，禁止动火。

4）不消除周围易燃物，禁止动火。

5）不按时作动火分析，禁止动火。

6）没有消防措施，无人监护，禁止动火。

九、焊接与切割作业劳动卫生防护

（一）焊接与切割作业有害因素的来源及危害

电焊作业有害因素是指在电焊焊接和切割及相关工艺过程中产生的，经接触或吸入后对电焊作业人员健康产生危害的因素。电焊作业有害因素能产生危害有其先决条件，首先，有害物质要有一定的浓度或强度，并超过职业接触限值时才会危害健康；其次它们能被人体吸收，在体内蓄积一定量时才产生损伤效应，导致机体或组织器官损伤和功能障碍。

在电焊作业中可产生多种有害因素，主要分为两类：

（1）有害化学物质。焊接烟尘（金属烟尘）、有害气体。

（2）物理因素。光辐射、高温、噪声、电离辐射、高频电磁场等。

1. 焊接烟尘的来源和危害

电焊作业有害化学物质的存在形式有气态（有害气体）和气溶胶状态（电焊烟尘）两种。电焊作业时，在电弧高温作用下，电焊条端部的熔化物（液态金属和熔渣）以及熔滴和熔池表面产生大量蒸气，在空气中被迅速氧化凝聚成极细固态粒子，以"气溶胶"状态弥散在电弧周围，形成了颗粒状态有害物质，即电焊烟尘。

（1）焊接烟尘的来源

电焊烟尘是在焊接过程中，由高温蒸气经氧化后冷凝而产生的，主要来自焊条或焊丝端部的液态金属及溶渣。焊接材料的发尘量占电焊烟尘总量的 80%～90%，只有部分来自金属母材。电焊作业过程中产生的电焊烟尘组成成分复杂（表 9-1 和表 9-2），含有多种金属氧化物，其中氧化铁含量最高，其次为硅、锰、钠、钙、钾氧化物；同时，电焊烟尘对电焊作业工人产生的危害，不是某一种金属氧化物危害作用，而是多种金属氧化物的协同作用。

常见结构钢焊条烟尘中含有的元素　　　　表 9-1

焊条型号	多量	中等量	少量	微量
E4313	Fe	Si、Na、Mn	Ti、K、Ca	Al、Mg、S、Zn、Pb、Cu、Sn、Bi、V
E4303	Fe	Si、Mn、Na、Ca	Al、K、Mg	Ti、S、Zn、Sn、Pb、Cu、Cr、Bi
E5015	Fe、F、Na	Ca、K	Mg、Si、Ti	Mn、Al、Zn、Pb、Cu、Cr、S、Ag、Bi

常见结构钢焊条烟尘的化学成分　　　　表 9-2

焊条型号	烟尘成分										
	Fe_2O_3	SiO_2	MnO	TiO_2	CaO	MgO	Na_2O	K_2O	CaF_2	KF	NaF
E4313	45.31	21.12	6.97	5.18	0.31	0.25	5.81	7.01	—	—	—
E4303	48.12	17.93	7.18	2.61	0.95	0.27	6.03	6.81	—	—	—
E5015	24.93	5.62	6.30	1.22	10.34	—	6.39	—	18.92	7.95	13.71

电焊烟尘的影响因素很多，主要因素包括焊接材料和工艺两个方面，焊接材料指的是电焊条药皮的成分、焊丝钢带、药剂的化学组成，以及保护气体成分等；焊接工艺是指焊接方法的选择及工艺参数的设定。

1）焊接材料对电焊烟尘生成的影响

① 焊接材料是电焊烟尘产生的来源，焊接材料的成分直接影响电焊烟尘发尘量的多少和电焊烟尘的化学成分。从表 9-2 中可以看出，酸性焊条（E4313、E4303）烟尘中氧化铁含量、二氧化硅含量、氧化锰含量都比碱性焊条的高；碱性焊条（E5015）烟尘中钠、钙的氧化物和氟化物含量比酸性焊条的高。酸性焊条电弧是从焊条端部熔融金属表面上直接发生的，致使

Fe、Si、Mn 的过热蒸气较多，烟尘中相应的氧化物含量较高；而碱性焊条电弧是从黏附在焊条端部熔融金属表面的熔渣上发生的，由于碱性渣的电导率比酸性渣高，且氟化物的增加也使电导率上升，因此，碱性焊条的电弧很容易通过悬垂于焊条端部的熔渣而发生，以至于碱性焊条熔渣中的钾、钠几乎全部蒸发，烟尘中氟化物较多，而 Fe、Si、Mn 的氧化物较少。

② 焊接材料直接影响焊接电弧，通过改变熔滴过渡方式，控制焊接过程中产生的金属蒸气进入大气的含量。

大理石、氟石等物质本身产生的烟尘高，其组成焊条的烟尘也高；金红石等物质本身产生的烟尘较低，其组成焊条的烟尘也低；菱苦土等物质本身产生的烟尘较高，但是，组成焊条的烟尘不一定高。药皮物质不仅各自影响电焊烟尘，而且相互之间存在复杂的关系，改变药皮组分比例，有可能达到降尘的目的。

2）电焊工艺对电焊烟尘生成的影响

焊接参数会影响电焊烟尘的发尘率。不同焊接方法的选择、极性的改变、电流电压的变化以及送丝速度等都会对发尘量和电焊烟尘的化学成分产生影响。

不同焊接方法发尘量的比较见表 9-3。

几种焊接方法的发尘量   表 9-3

焊接方法		施焊时每分钟的发尘量（mg/min）	每公斤焊接材料的发尘量（g/kg）
焊条电弧焊	低氢型焊条（E5015，ϕ4）	350～450	11～16
	钛钙型焊条（E4303，ϕ4）	200～280	6～8
自保护焊	药芯焊丝（ϕ3.2）	2000～3500	20～25
CO$_2$ 焊	药芯焊丝（ϕ1.6）	450～650	5～8
	药芯焊丝（ϕ1.2）	700～900	7～10
氩弧焊	药芯焊丝（ϕ1.6）	100～200	2～5
埋弧焊	药芯焊丝（ϕ5）	10～40	0.1～0.3

(2) 电焊烟尘的危害

电弧焊接时，焊条的焊芯、药皮和金属母材在电弧高温下熔化、蒸发、氧化、凝集，产生大量金属氧化物及其他有害物质的烟尘。长期吸入电焊烟尘可引起电焊工尘肺，吸入烟尘中的金属氧化物可引起金属中毒及金属热。

电焊烟尘的主要成分是铁、硅、锰，其中主要毒物是锰。铁、硅等的毒性虽然不大，但其尘粒极细（$5\mu m$ 以下），在空中停留的时间较长，容易吸入肺内。在密闭容器、锅炉、船舱和管道内焊接，在烟尘浓度较高的情况下，如果没有相应的通风除尘措施，长期接触上述烟尘就会形成电焊尘肺、锰中毒和金属热等职业病。

1）电焊尘肺。

电焊工尘肺是工人在生产中长期吸入高浓度电焊烟尘所引起的以肺组织纤维化为主的疾病。我国于 1987 年 11 月颁布的职业病名单中，把电焊工尘肺定为我国法定的十二种尘肺病之一。

电焊烟尘是一种有害粉尘，能引起肺组织产生不同程度的纤维化。电焊工尘肺并非单纯的铁末沉着症，而是以氧化铁为主，包括锰、铬等多种金属粉尘、硅、硅酸盐和氮氧化物等多种物质长期共同作用的结果。电焊尘肺的发病一般比较缓慢，多在接触焊接烟尘 10 年后发病，有的长达 15～20 年以上。发病主要表现为呼吸系统症状，有气短、咳嗽、咯痰、胸闷和胸痛，部分电焊尘肺患者可呈无力、食欲减退、体重减轻以及神经衰弱症候群（如头痛、头晕、失眠、嗜睡、多梦、记忆力减退等）。同时对肺功能也有影响。

2）锰中毒。

电焊过程中，焊条的焊芯、药皮和金属母材在电弧高温下熔化、蒸发、氧化、凝集，可产生氧化锰烟尘；电焊时，焊接区周围，呼吸的空气中氧化锰的浓度可达 $6mg/m^3$ 以上。长期高浓度吸入或在通风不良的环境中作业可引起金属烟热和慢性锰中毒。

锰蒸气在空气中能很快地氧化成灰色的一氧化锰（MnO）及棕红色的四氧化三锰（Mn_3O_4）。长期吸入超过允许浓度的锰及其化合物的微粒和蒸气，可造成锰中毒。锰的化合物和锰尘主要是通过呼吸道侵入机体的。

职业危害主要是慢性锰中毒，可损害锥体外系神经产生帕金森综合征的临床表现。锰中毒发病工龄一般为 5～10 年，引起发病的锰烟尘的空气浓度在 $3～30mg/m^3$ 之间。慢性锰中毒早期表现为疲劳乏力，时常头痛头晕、失眠、记忆力减退，以及植物神经功能紊乱，如舌、眼睑和手指的细微震颤等。中毒进一步发展，神经精神症状更明显，而且转弯、跨越、下蹲等都较困难，走路时表现为左右摇摆或前冲后倒，书写时呈"小书写症"等。

急性锰中毒。吸入高浓度锰化合物烟尘可引起急性中毒，表现为呼吸系统刺激症状，重者出现呼吸困难、精神紊乱等。少数人由于在相对密闭环境、缺乏局部通风换气或个人防护用品的条件下电焊作业，吸入大量含氧化锰烟尘，可引起金属热。

3）金属热。

金属热是因吸入高浓度新生成的金属氧化物烟所引起的典型性骤起体温升高和白细胞计数增多等为主要表现的急性全身性疾病。金属热最常发生在焊接镀锌钢板和焊接涂有富锌底漆钢材等作业后。

焊接金属烟尘中直径在 $0.05～0.5\mu m$ 的氧化铁、氧化锰、氧化锌微粒和氟化物等，容易通过上呼吸道进入末梢细支气管和肺泡，引起焊工金属热反应。金属热一般在吸入电焊烟尘后 4～8h 发病；受凉、劳累可为发病诱因。多见于在船舱、储罐、反应釜内等通风不良、又没有有效的防尘防毒措施的条件下从事电焊或切割作业的工人，早期表现为口内金属味，头晕、头痛、全身乏力，食欲不振，咽干、干咳、胸闷、气短、肌肉痛、关节痛，呼吸困难；继之出现发冷、寒战，体温升高，达 38～

39℃之间或更高。第二天早晨经发汗后症状减轻。一般 2~3 天后症状消失。

(3) 预防措施

预防发生电焊工尘肺的主要措施是改善生产工艺，使焊接工艺自动化，用低毒性焊条替代高毒性焊条，同时采取局部和全面通风，改善作业环境空气质量，加强个体防护和经常性的卫生监督和健康监护。有活动性肺结核病、慢性阻塞性肺病、慢性间质性肺病、伴肺功能损害等疾病的患者，不宜从事电焊作业。

预防锰中毒主要措施是改善生产工艺，使焊接工艺自动化；用低毒性焊条替代高毒性焊条，同时采取局部和全面通风，改善作业环境空气质量；加强个体防护和卫生监督。有中枢神经系统器质性疾病、各类精神病、严重自主神经功能紊乱性疾病、肝肾功能障碍者，不宜从事电焊作业。

金属热患者可给予对症和支持治疗；电焊、切割镀锌金属时应加强局部通风，戴面罩或送风式头盔。

2. 有毒气体的来源和危害

在电弧焊时，在熔滴过渡区激烈的化学冶金反应以及焊接电弧的高温和强紫外线作用下，弧区周围会产生大量的有毒气体，其中主要有臭氧、一氧化碳、氮氧化物、氟化物等，在通风不良的作业环境中，长时间进行焊接作业有可能发生急性中毒或引起呼吸道疾患。

(1) 有毒气体来源

在焊接电弧的高温和强烈紫外线作用下，在弧区周围形成多种有毒气体，其中主要有臭氧、氮氧化物、一氧化碳和氟化氢等。

1）臭氧。空气中的氧分子（O_2）在短波紫外线的激发下，大量地被破坏，生成臭氧（O_3），其化学反应过程如下：

$$O_2 \xrightarrow{\text{短波紫外线}} 2O$$

$$2O_2 + 2O \longrightarrow 2O_3$$

臭氧是一种有毒气体，呈淡蓝色，具有刺激性气味。浓度较高时，发出腥臭味；浓度特别高时，发出腥臭味并略带酸味。

2）氮氧化物。氮氧化物是由于焊接电弧的高温作用引起空气中氮、氧分子离解，重新结合而形成的。

氮氧化物的种类很多，在明弧焊中常见的氮氧化物为二氧化氮，因此，常以测定二氧化氮的浓度来表示氮氧化物的存在情况。

二氧化氮为红褐色气体，相对密度 1.539，遇水可变成硝酸或亚硝酸，产生强烈刺激作用。

3）一氧化碳。各种明弧焊都产生一氧化碳有害气体，其中以二氧化碳保护焊产生的一氧化碳（CO）的浓度最高。一氧化碳的主要来源是由于 CO_2 气体在电弧高温作用下发生分解而形成的：

$$CO_2 \xrightarrow{\text{电弧高温}} CO + [O]$$

一氧化碳为无色、无臭、无味、无刺激性的气体，相对密度 0.967，几乎不溶于水，但易溶于氨水，几乎不为活性炭所吸收。

4）氟化氢。氟化氢主要产生于焊条电弧焊。在低氢型焊条的药皮里通常都含有萤石（CaF_2）和石英（SO_2），在电弧高温作用下形成氟化氢气体。

氟及其化合物均有刺激作用，其中以氟化氢作用最为明显。氟化氢为无色气体，相对密度 0.7，极易溶于水形成氢氟酸，两者的腐蚀性均强，毒性剧烈。

（2）有毒气体危害

1）臭氧。臭氧由呼吸道吸收进入体内。臭氧具有强氧化作用，对眼结膜及呼吸道黏膜有刺激作用，高浓度接触可引起组织细胞水肿、出血和坏死；对神经系统有抑制作用，并对人体免疫系统、代谢功能有一定的影响。短时间吸入低浓度臭氧可引起咽喉干燥、咳嗽、咳痰、胸闷、胸痛，嗜睡或失眠、头痛、注意力不集中、味觉异常、食欲减退、疲劳无力等症状。短时吸入高浓度臭氧，可引起黏膜刺激症状，严重者可发生肺水肿。长期吸入低浓度臭氧可引发支气管炎、肺气肿、肺硬化等。

此外，臭氧容易同橡皮、棉织物起化学作用，高浓度、长时间接触可使橡皮、棉织品老化变性。在 $13mg/m^3$ 浓度作用下，帆布可在半个月内出现变性，这是棉织工作服易破碎的原因之一。

我国卫生标准规定，臭氧最高允许浓度为 $0.3mg/m^3$。臭氧是氩弧焊的主要有害因素，在没有良好通风的情况下，焊接工作地点的臭氧浓度往往高于卫生标准几倍、十几倍甚至更高。但只要采取相应的通风措施，就可大大降低臭氧浓度，使之符合卫生标准。

臭氧对人体的作用是可逆的。由臭氧引起的呼吸系统症状，一般在脱离接触后均可得到恢复，恢复期的长短取决于臭氧影响程度之大小以及人的体质。

2）氮氧化物。一氧化氮对人体的损害主要为形成高铁血红蛋白血症和中枢神经系统损害；二氧化氮生物活性强，毒性比一氧化氮强 4～5 倍，主要损害肺脏，引起以肺水肿为主的病变。在电气焊过程中产生的氮氧化物主要为一氧化氮，但很快被氧化成二氧化氮，因此，电气焊作业时对人体的影响主要为二氧化氮的危害。

氮氧化物溶解度小，经上呼吸道进入后对上呼吸道黏膜刺激作用小，主要作用于深部呼吸道，逐渐与细支气管和肺泡表面的水起作用，形成硝酸及亚硝酸，对肺组织产生剧烈的刺激与腐蚀作用，导致肺水肿。

氮氧化物对人体的影响

① 急性氮氧化物中毒。急性氮氧化物中毒是以呼吸系统急性损害为主的全身性疾病，一般在吸入氮氧化物数小时至 72h 后出现中毒症状。轻度中毒表现为胸闷、咳嗽等，伴有头痛、头晕、无力、心悸、恶心、发热等症状，眼结膜及鼻咽部充血，

肺部有散在干啰音；胸部 X 射线表现肺纹理增强，可伴边缘模糊。

中度中毒表现为胸闷加重，咳嗽加剧，呼吸困难，咯痰或咯血丝痰等症状，体征有轻度发绀，两肺可闻及干、湿性啰音；胸部 X 射线征象为肺野透亮度减低，肺纹理增多、紊乱、模糊呈网状阴影，或斑片状阴影，边缘模糊；血气分析呈轻度至中度低氧血症。

重度中毒表现为明显的呼吸困难，剧烈咳嗽，咯大量白色或粉红色泡沫痰，明显发绀，两肺满布湿性啰音；胸部 X 射线征象为两肺野有大小不等、边缘模糊的斑片状或云絮状阴影，有的可融合成大片状阴影；血气分析常呈重度低氧血症；严重者出现急性呼吸窘迫综合征，并发较重程度的气胸或纵隔气肿，甚至窒息。

② 慢性影响。长期接触低浓度氮氧化物，慢性咽炎、支气管炎和肺气肿的发病率明显高于正常人群。

我国卫生标准规定，氮氧化物（NO_2）的最高允许浓度为 $5mg/m^3$。氮氧化物对人体的作用也是可逆的，随着脱离作业时间的增长，其不良影响会逐渐减少或消除。

在焊接实际操作中，氮氧化物单一存在的可能性很小，一般都是臭氧和氮氧化物同时存在，因此它们的毒性倍增。一般情况下，两种有害气体同时存在比单一有害气体存在时，对人体的危害作用提高 15～20 倍。

3）一氧化碳。

一氧化碳通过呼吸道吸收，吸收后绝大部分又从肺内排出。吸入体内的一氧化碳与血红蛋白可逆性结合，形成碳氧血红蛋白，降低血红蛋白的携氧能力，导致低氧血症和组织缺氧。

一氧化碳（CO）与血红蛋白的亲和力比氧与血红蛋白的亲和力大 200～300 倍，而离解速度又较氧合血红蛋白慢得多（相差 3600 倍），减弱了血液的带氧能力，使人体组织缺氧坏死。

一氧化碳对人体的影响：

① 急性一氧化碳中毒：短时接触高浓度一氧化碳可引起急性中毒，临床上以急性脑缺氧的症状与体征为主要表现。接触高浓度一氧化碳后可出现头痛、头晕、心悸、恶心等，脱离接触，吸入新鲜空气后上述症状可迅速消失，属于接触反应。轻度中毒表现为剧烈的头痛、头昏、心慌、四肢无力、恶心、呕吐，轻度至中度意识障碍，但无昏迷；血液碳氧血红蛋白浓度高于10%。脱离中毒环境，吸入新鲜空气或吸氧治疗后，上述症状可逐渐缓解。中度中毒表现为剧烈的头痛、头昏、心慌、四肢无力、呕吐，面色潮红、多汗、浅至中度昏迷，血液碳氧血红蛋白浓度可高于30%。经及时抢救治疗后可恢复，一般无明显的后遗症。重度中毒表现为深昏迷或去大脑皮层状态；并有脑水肿、休克或严重的心肌损害，肺水肿，呼吸衰竭，上消化道出血，脑局灶损害如锥体系或锥体外系损害等体征；碳氧血红蛋白浓度可高于50%。经积极抢救治疗，部分患者可留有不同程度的后遗症状。

部分急性一氧化碳中毒患者意识障碍恢复后，经过2~60天的"假愈期"，又出现精神及意识障碍呈痴呆状态，谵妄状态或去大脑皮层状态；或锥体外系神经障碍出现帕金森氏综合征的表现，锥体系神经损害（如偏瘫、病理反射阳性或小便失禁等）；大脑皮层局灶性功能障碍如失语、失明等，或出现继发性癫痫；头部CT检查可发现脑部有病理性密度减低区，脑电图检查可发现中度及高度异常等；称为急性一氧化碳中毒迟发性脑病。

② 慢性影响。长期接触低浓度一氧化碳或多次轻度一氧化碳中毒后对人体可产生不良影响，主要表现为头晕、头痛、耳鸣、乏力、睡眠障碍、记忆力减退等脑衰弱综合征的症状，神经行为学测试可发现异常。心电图可出现心律失常、ST段下降或束支传导阻滞等。

我国卫生标准规定，一氧化碳（CO）的最高允许浓度为

$30mg/m^3$。对于作业时间短暂的，可予以放宽。

4）氟化氢。

在焊接过程中，用于高碳钢和低合金钢的碱性焊条，在高温和弧光作用下，可产生氟化物，主要有氟化氢（HF）、四氟化硅（SiF_4）、氟化钠（NaF）、氟化钙（CaF_2）等。

氟是人体的必需元素。氟及其化合物主要以气体、蒸气或粉尘形式经呼吸道或胃肠道进入人体，完整的皮肤不吸收。氟化物气体腐蚀性强，毒性剧烈，对皮肤、呼吸道黏膜有不同程度的刺激和腐蚀作用。吸入较高浓度的氟化物，可引起喉痉挛、支气管痉挛、肺炎、肺水肿和肺出血等。吸入人体内的氟最初蓄积于肺，以后骨骼中沉积增多，可引起骨骼钙及磷代谢异常、骨密度增高、骨膜增厚、骨质硬化、骨质疏松等损害。

对人体的影响：

① 急性氟中毒。由呼吸道吸入较高浓度的氟化物气体或蒸气立即产生眼、呼吸道黏膜的刺激症状，如流泪、咽痛、咳嗽、胸痛、胸闷等，严重者经数小时潜伏期后发生化学性肺炎、肺水肿，X射线出现双肺絮状或片状阴影。部分病人出现喉痉挛、喉水肿引起窒息。

② 慢性氟中毒。长期大量接触氟化物可引起工业性氟病。我国卫生标准规定，氟化氢的最高允许浓度为$1mg/m^3$。

(3) 预防措施

发生急性臭氧中毒应以对症治疗为主，积极防治肺水肿。预防措施主要为改革工艺、采用自动焊接、加强局部通风排毒和个人防护等。

一氧化碳急性中毒患者给予吸氧、高压氧治疗，积极预防脑水肿，以及维持呼吸循环功能、纠正酸中毒、促进脑血液循环等对症支持治疗。预防措施主要为改革工艺、采用自动焊接、加强局部通风排毒和个人防护等。患有中枢神经系统器质性疾病、心肌病等患者，不宜从事电焊作业。

氮氧化物中毒预防措施主要为改革工艺、采用自动焊接、加强局部通风排毒和个人防护等。患有慢性阻塞性肺病、慢性间质性肺病、支气管哮喘、支气管扩张、肺心病等疾病患者，不宜从事电焊作业。

急性氟中毒患者给予吸氧、预防喉水肿和肺水肿、预防继发感染等对症支持治疗。预防氟中毒措施主要为改革工艺、加强局部通风排毒和个人防护、定期进行健康监护等。患有慢性阻塞性肺病、慢性间质性肺病、支气管哮喘、支气管扩张、肺心病、地方性氟病、骨关节疾病等患者，不宜从事电焊作业。

3. 弧光辐射及危害

（1）弧光辐射来源

焊接过程中的弧光辐射是由于物体加热而产生的，属于热线谱。例如，在生产的环境中，凡是物体的温度达到1200℃时，辐射光谱中即可出现紫外线。随着物体温度增高，紫外线的波长变短，其强度增大。手工弧焊电弧温度可达3000℃以上，在这种温度下可产生大量的紫外线。弧光波长范围见表9-4。

焊接弧光的波长范围（nm）　　表9-4

红外线	可见光线		紫外线
	赤、橙、黄、绿、青、蓝、紫		
1400～760	760～400		400～200

（2）弧光辐射危害

电焊弧光主要包括紫外线、红外线和可见光，其中产生的紫外线和红外线对眼及皮肤的损伤是电焊作业职业损害的一个重要方面。

1）紫外线的危害

一般将波长200～400nm的电磁波称为紫外辐射，亦称紫外线。200～320nm的短波紫外线具有卫生学意义，当被眼睛角膜和皮肤的上皮层吸收后，能引起皮肤红斑、光敏感作用和眼角膜结膜炎。

紫外线对人体的影响

① 对皮肤的损伤。不同波长的紫外线为不同深度的皮肤组织所吸收。波长小于220nm的紫外线，几乎全部被角化层吸收。波长297nm的紫外线对皮肤作用最强，可引起红斑反应。如遭受过强紫外线照射，可发生弥漫性红斑，有痒感或烧灼感，并可形成小水泡和水肿。

② 对眼睛的损伤。在电焊操作中意外接受紫外线照射，可引起紫外线辐射性角结膜炎，常因电弧光引起，又称为电光性眼炎。表现为接触紫外线数小时后出现轻度眼部不适，如眼干、眼胀、异物感及灼热感等，睑裂部球结膜轻度充血，角膜上皮轻度水肿，荧光素染色阴性；重者出现眼部异物感、灼热感加重，并出现剧痛，畏光，流泪，眼睑痉挛；角膜上皮脱落，荧光素染色阳性，结膜充血或伴有球结膜水肿。多数病例有短期视力减退现象。长期遭受紫外线照射，可引起慢性睑缘炎和结膜炎等。

强烈紫外线照射皮肤可引起皮肤损害，眼睛受紫外线照射可引起急性结膜炎（即法定职业病——职业性电光性眼炎及职业性电光性皮炎）。在电焊时产生电光性眼炎的主要原因有：同一工作场地内，几部电焊同时作业，且距离太近，中间又缺少防护屏，使作业者受到临近弧光的照射；或由于在引弧前未戴好防护面罩，在熄灭电弧前过早揭开面罩受到弧光直接照射；或电焊作业场地照明不足，看不清焊缝以致先引弧，后戴面罩；或其他人员通过电焊作业场地，受到强光的强烈照射；或由于护目镜片破损而漏光等。在焊接过程中，眼部受到强烈的红外线辐射，可引起眼部损伤。

③ 防治措施。电光性眼炎治疗原则以止痛、防治感染、减少摩擦及促进上皮恢复为主，眼睛局部可用0.5%～1.0%丁卡因眼药液、软膏及抗生素眼药水。防护措施主要为在电焊作业时佩戴防护镜。有活动性角膜疾病、白内障，面、手背和前臂等暴露部位严重的皮肤病、白化病等疾患者，不宜从事接触紫

外辐射（紫外线）的作业。

2）红外线的危害

在光谱中波长 0.76～400μm 的一段称为红外线，红外线是不可见光线。所有温度高于绝对零度（－273℃）的物质都可以产生红外线，故物理学称之为热射线。红外线是能量较小的电磁波。

红外线对人体的影响

① 对皮肤的影响。红外线照射皮肤时，大部分可被吸收。红外线对人体主要产生热效应，对人体皮肤、皮下组织具有强烈的穿透力，其光能可透入人体皮肤达 3～8cm。小剂量红外线对人体健康的作用为加强血液循环和组织代谢，具有消炎、镇痛作用。一定强度的红外线可使人的皮肤细胞产生色素沉着，预防人体深层组织细胞过热；大剂量红外线多次照射皮肤时，可产生褐色大理石样的色素沉着，这与热作用加强了皮肤基底细胞层中黑色素细胞的色素形成有关。超强度红外线通过其热辐射效应使皮肤温度升高、毛细血管扩张、充血、表皮水分蒸发等直接对皮肤造成不良影响。其主要表现为红色丘疹、皮肤过早衰老、皮肤色素紊乱、深部组织灼伤等。红外线对皮肤的损害作用是由于分子振动和温度升高所引起的。

② 对眼睛的损伤。红外线对眼睛的损伤主要在晶状体和视网膜黄斑部，导致晶状体蛋白质变性、晶体混浊和视网膜灼伤。长期接触低能量红外线，可致慢性充血性睑缘炎。波长在 0.8～1.2μm 的短波红外线可透过角膜进入眼球、房水、虹膜、晶状体和玻璃体，长期接触会损伤眼晶状体而产生混浊，导致视力障碍，甚至发生白内障，称之为"红外线白内障"。

③ 防护措施。主要为在电焊作业时佩戴防护镜。有活动性角膜疾病、白内障等疾患者，不宜从事接触红外线的作业。

3）可见光

电弧焊时产生的可见光的光度比肉眼正常承受的光度约大10000 倍，短时间照射会使眼睛疼痛，长时间照射会引起视力减退。

4. 高频电磁辐射的来源和危害

频率在 $100\sim300kHz$ 频段范围的电磁波称为高频电磁场，属于射频辐射。随着氩弧焊接和等离子弧焊接的广泛应用，在焊接过程中存在着一定强度的电磁辐射，构成对局部生产环境的污染。因此，必须采取安全措施妥善解决。

（1）来源

钨极氩弧焊和等离子弧焊为了迅速引燃电弧，需由高频振荡器来激发引弧，此时，由振荡器产生的高压，击穿钨极与喷嘴之间的空气隙，引燃电弧；此时振荡器会有一部分能量以电磁波的形式向空间辐射。所以在振荡器工作期间，附近有高频电磁场存在。

在氩弧焊接和等离子弧焊接时，高频电磁场场强的大小与高频振荡器的类型及测定时仪器探头放置的位置与测定部位之间距离有关。焊接时高频电磁辐射场强分布的测定结果见表9-5。

手工钨极氩弧焊接时高频电场强度（V/m） 表 9-5

操作部位	头	胸	膝	踝	手
焊工前	58～66	62～76	58～86	58～96	106
焊工后	38	48	48	20	1
焊工前 1m	7.6～20	9.5～20	5～24	0～23	1
焊工后 1m	7.8	7.8	2	0	1
焊工前 2m	0	0	0	0	0
焊工后 2m	0	0	0	0	0

（2）危害

人体在高频电磁场的作用下，能吸收一定的辐射能量，产生生物学效应，这就是高频电磁场对人体的"致热作用"。此"致热作用"对人体健康有一定影响，长期接触场强较大高频电磁场的工人，主要影响人体的神经系统、心血管系统，表现为疲乏无力、会引起头晕、头痛、记忆减退、心悸、胸闷、消瘦和神经衰弱及植物神经功能紊乱。血压早期可有波动，严重者血压下降或上升（以血压偏低为多见），白细胞总数减少或增多，并出现窦性心律不齐、轻度贫血等。休息后上述症状可缓解或消失。

钨极氩弧焊和等离子弧焊时，正常情况下，每次启动高频振荡器的时间只有 2~3s，每个工作日接触高频电磁辐射的累计时间在 10min 左右。接触时间又是断续的，因此高频电磁场对人体的影响较小，一般不足以造成危害。但是，考虑到如果高频振荡器不是正规厂家生产的或自制的，焊接操作中的有害因素不是单一的，所以仍有采取防护措施的必要。对于高频振荡器在操作过程中连续工作的情况，更必须采取有效和可靠的防护措施。

在不停电更换焊条时，高频电会使焊工产生一定的麻电现象，这在高空作业时是很危险的。所以，高空作业不准使用带高频振荡器的焊机进行焊接。

(3) 防护措施

采用屏蔽、远距离和限时操作原则，工作场所应尽量少放带金属外壳的设备和金属零部件，防止高频电磁反射，形成二次辐射源；佩戴个人防护用品，如防护衣、防护眼镜、防护头盔等。患有器质性中枢神经系统疾病及精神症状者，不宜从事与高频电磁场有关的工作。

5. 噪声的来源和危害

噪声是各种不同频率和强度的声波无规律的杂乱组合产生的声音。生产性噪声是指在生产过程中产生的频率和强度没有规律、听起来使人感到厌烦的声音。生产性噪声根据产生源不同分为机械性噪声、流体动力性噪声、电磁性噪声；根据持续时间不同分为连续性噪声和间断性噪声；根据声压状态不同分为稳态噪声和脉冲噪声。

噪声存在于一切焊接工艺中，其中以等离子切割、等离子喷涂等的噪声强度更高。噪声已经成为某些焊接与切割工艺中存在着的主要职业性有害因素。

(1) 来源

在等离子喷涂和切割等过程中，工作气体与保护气体以一定的速度流动。等离子焰流从喷枪口高速喷出，在工作气体与保护气体不同流速的流层之间，在气流与静止的固体介质之间，在气流与空气之间，都会发生周期性的压力起伏、振动及摩擦等，于是就产生噪声。等离子切割和喷涂工艺都要求有一定的冲击力，等离子流的喷射速度可达10000m/min，噪声强度较高，大多在100dB（A）以上。尤以喷涂作业为高，可达123dB（A）。

(2) 危害

噪声对人的危害程度，与下列因素有直接关系：噪声的频率及强度，噪声频率越高，强度越大，危害越大；噪声源的性质，在稳态噪声与非稳态噪声中，稳态噪声对人体作用较弱；暴露时间，在噪声环境中暴露时间越长，则影响越大。此外，还与工种、环境和身体健康情况有关。

噪声在下列范围内不致对人体造成危害：频率小于300Hz的低频噪声，容许强度为90～100dB（A）；频率在300～800Hz的中频噪声，容许强度为85～90dB（A）；频率大于800Hz的高频噪声，容许强度为75～85dB（A）。噪声超过上述范时将造成如下伤害：

1）噪声性外伤。突发性的强烈噪声，例如爆炸、发动机启动等，能使听觉器官突然遭受到极大的声压而导致严重损伤，出现眩晕、耳鸣、耳痛、鼓膜内凹、充血等，严重者造成耳聋。

2）噪声性耳聋。较长时间接触一定强度噪声引起的永久性听力损失是一种职业病。有两种表现：一种是听觉疲劳，在噪声作用下，听觉变得迟钝、敏感度降低等，脱离环境后尚可恢复；另一种是职业性耳聋，自觉症状为耳鸣、耳聋、头晕、头痛，也可出现头胀、失眠、神经过敏、幻听等症状。

3）对神经、血管系统的危害。噪声作用于中枢神经，出现头昏、头痛、烦躁、易疲倦、心悸、睡眠障碍、记忆力减退，情绪不稳定，反应迟缓及工作效率降低等表现。噪声作用于血管系统，出现血压不稳或增高，心跳加快或减慢，心律不齐等表现。心电图检查异常，常呈现缺血性改变。脑血流图检查提示血管紧张度增高，血管弹性减低。对消化系统，出现胃肠功能紊乱、食欲不振、胃液分泌减少等。噪声还可对前庭功能、内分泌及免疫功能产生不良影响。

(3) 防治原则

噪声综合治理包括控制噪声源以及噪声的传播；使用防护用品；合理安排作息时间；做好岗前职业健康检查，严格控制职业禁忌等。

噪声作业的职业禁忌包括：上岗前职业禁忌。各种原因引起永久性感音神经性听力损失（500Hz、1000Hz 和 2000Hz 中任一频率的纯音气导听阈大于25dBHL）；中度以上传导性耳聋；双耳高频（3000Hz、4000Hz、6000Hz）平均听阈大于等于40dBHL；Ⅱ期和Ⅲ期高血压；器质性心脏病。

在岗期间职业禁忌证。噪声易感者（噪声环境下工作 1 年，双耳 3000Hz、4000Hz、6000Hz 中任意频率听力损失大于等于65dBHL）

6. 射线的来源及其危害

(1) 来源

焊接工艺过程中的放射性危害，主要指氩弧焊与等离子弧焊的钍放射性污染和电子束焊接时的 X 射线。

电离辐射是指运动中的粒子或电磁波，具有足够的能量的辐射，能在物质中产生离子。电离辐射包括 X 射线、α 射线、β 射线、γ 射线、中子、电子束及各类放射性核素。

某些元素不需要外界的任何作用，它们的原子核就能自行放射出具有一定穿透能力的射线，此谓放射现象。将元素这种性质称为放射性，具有放射性的元素称为放射性元素。

氩弧焊和等离子弧焊使用的钍钨棒电极中的钍，是天然放射性物质，能放射出 α、β、γ 三种射线，其中 α 射线占 90%，β 射线占 9%，γ 射线占 1%。在氩弧焊与等离子弧焊焊接工作中，使用钍钨极会导致放射性污染的发生。其原因是在施焊过程中，由于高温将钍钨极迅速熔化部分蒸发，产生钍的放射性气溶胶、钍射气等。同时，钍及其衰变产物均可放射出 α、β、γ 射线。

（2）危害

放射性疾病。它是指由一定剂量的电离辐射作用于人体所致全身性或局部性放射损伤或疾病的总称。由于电离辐射作用，在人体组织细胞内发生电离，引起生物化学改变，导致急性或慢性损伤。来源于体外照射的称外照射放射病，来源于体内放射性核素引起的称为内照射病。

人体内水分占体重的 70%～75%。水分能吸收绝大部分射线辐射能，只有一小部分辐射能直接作用于机体蛋白质。当人体受到的辐射剂量不超过容许值时，射线不会对人体产生危害。但是人体长期受到超容许剂量的外照射，或者放射性物质经常少量进入并蓄积在体内，则可能引起病变，造成中枢神经系统、造血器官和消化系统的疾病，严重者可患放射病。氩弧焊和等离子弧焊在焊接操作时，主要的危害形式是钍及其衰变产物呈气溶胶和气体的形式进入体内。钍的气溶胶具有很高的生物活性，它们很难从体内排出，从而形成内照射。

（3）防护措施

它包括尽量缩短被照射时间，采取远距离操作，距离越远照射强度越小，或屏蔽防护等。患有血液病、内分泌疾病、心血管系统疾病、肝脏疾病、肾脏器质性疾病等患者以及晶状体混浊、孕期妇女，不宜从事接触射线辐射的作业。

7. 热辐射的来源及其危害

在高温（热辐射）并伴有强热辐射或高温、高湿环境下进行生产劳动称为高温作业，这种高温环境称为高温作业环境。

(1) 热辐射的来源

焊接过程是应用高温热源加热金属进行连接的，所以在施焊过程中有大量的热能以辐射形式向焊接作业环境扩散，形成热辐射。

电弧热量的 $20\%\sim30\%$ 要逸散到施焊环境中去，因而可以认为焊接电弧是热源的主体。焊接过程中产生的大量热辐射被空气媒质、人体或周围物体吸收后，这种辐射就转化为热能。

某些材料的焊接，要求施焊前必须对焊件预热。预热温度可达 $150\sim700℃$，并且要求保温。所以预热的焊件不断向周围环境进行热辐射，形成一个比较强大的热辐射源。

焊接作业场所由于焊接电弧、焊件预热以及焊条烘干等热源的存在，致使空气温度升高，其升高的程度主要取决于热源所散发的热量及环境散热条件。在窄小空间或舱室内焊接时，由于空气对流散热不良，将会形成热量的蓄积，对机体产生加热作用。

另外，在某一作业区若有多台焊机同时施焊，由于热源增多，被加热的空气温度就更高，对机体的加热作用就将加剧。

(2) 危害

研究表明，当焊接作业环境气温低于 $15℃$ 时，人体的代谢增强；当气温在 $15\sim25℃$ 时，人体的代谢保持基本水平；当气温高于 $25℃$ 时，人体的代谢稍有下降；当气温超过 $35℃$ 时，人体的代谢将又变得强烈。总的看来，在焊接作业区，影响人体代谢变化的主要因素有气温、气流速度、空气的湿度和周围物体的平均辐射温度。在我国南方地区，环境空间气温在夏季很高，且多雨湿度大，尤其应注意因焊接加热局部环境空气的问题。

正常情况下，人体在 $15\sim20℃$ 环境中裸露静坐时，蒸发散热量占总散热量的 25%，对流散热量占 12%，辐射散热量占 60%，传导散热量占 3%。总之，人体产热量和散热量是处于平衡状态。当环境温度超过体表温度时，劳动时间过长，体内产热、受热明显超过散热时，形成体内蓄热，当超过人体的耐高温能力时，可发生中暑性疾病。

高温对人体健康的影响主要为长期在高温环境中，受到高气温和热辐射的影响，机体因热平衡和水盐代谢紊乱等而导致中枢神经系统和心血管系统障碍，主要表现为心率加快、血压升高、消化功能及水盐代谢紊乱；并可出现蛋白尿、管型尿，尿素氮升高，严重者可出现急性肾功能衰竭。

同时，在身体大量出汗情况下，人体电阻大大下降增加了人体触电的危险性。

(3) 高温作业防护措施

合理布局强辐射热源，采用较好的隔热技术；自然通风、机械通风、喷雾风扇或空气浴等降温措施；个人防护用品，如防护服、防护眼镜等；露天作业者必须戴凉帽；工作场所供应含盐清凉饮料；合理安排作业时间，使作业工人有一定的工间休息；高温作业者要有充足的休息和睡眠等。患有Ⅱ期及Ⅲ期高血压、活动性消化性溃疡、慢性肾炎、未控制的甲亢、糖尿病、大面积皮肤疤痕等疾病者，不宜从事高温作业。

（二）焊接与切割作业劳动卫生防护措施

《中华人民共和国职业病防治法》明确规定了用人单位必须对产生职业病危害因素的工作场所提供卫生防护设施，使工作场所符合职业卫生标准和卫生要求，保障劳动者的健康。电焊作业中有害因素种类繁多，危害较大，因此，为了降低电焊工的职业危害，必须采取有效的防尘、防毒、防辐射和防噪声等卫生技术防护和管理措施，达到预防控制电焊作业职业病的发生。

1. 通风

焊接通风是消除焊接尘毒和改善劳动条件的有力措施。按目前的技术条件，很难做到减少焊接作业时烟尘的生成量，因此，重点应通过加强通风除尘措施来排除有害、有毒气体和蒸气，降低工作场所空气中烟尘和焊接有害气体的浓度，改善作业场所的通风状况和空气质量，从而控制电焊作业的职业危害。

通风有全面通风和局部排风两种方式，采用的通风动力有自然通风和机械通风。自然通风是借助于自然风力按空气的自然流通方向进行；机械通风则是依靠风机产生的压力来换气，除尘、排毒效果较好。

(1) 全面通风

全面通风也称稀释通风。它是用清洁空气稀释空气中的有害物浓度，使室内空气中有害物浓度不超过卫生标准规定的最高容许浓度，同时不断地将污染空气排至室外或收集净化。全面通风可以利用自然通风实现，也可以借助于机械通风来实现。全面自然通风最简单的形式是车间设置气楼，墙上设置进风窗，利用自然通风进行通风换气。全面机械通风则通过管道及风机等组成的通风系统进行全车间的通风换气。车间全面通风换气量的设计应按各种气体分别稀释至规定的接触限值所需要的空气量的总和计算。或按需要空气量最大的有害物质计算。全面通风一般用于改善车间的微小气候或作为防止有害气体的局部通风的辅助措施。

(2) 局部通风

局部通风通过局部排风的方式，当焊接烟尘和有害气体刚一发生时，就被排风罩口有效地吸走，不使其扩散到工作场所，也不污染周围环境。局部通风有送风与排气（又称抽风）两种方式. 局部通风排毒系统一般由集气罩、风管、净化系统和风机4部分组成。局部排风按集气方式的不同可以分为固定式局部排风系统和移动式局部排风系统。固定式局部排风系统主要用于操作地点和工人操作方式固定的大型焊接生产车间，可根据实际情况一次性固定集气罩的位置。移动式局部排风系统工作状态相对灵活，可根据现场具体的操作情况，做不同的排风调整，保证处理效率及操作人员的便利。焊接烟尘和有害气体的净化系统通常采用袋式或静电除尘与吸附剂相结合的净化方式，处理效率高，工作状态稳定。

1）局部送风

局部送风是把新鲜空气或经过净化的空气，送入焊接工作地带，以改善该局部区域的空气环境。应当指出，目前生产上仍有采用电风扇直接吹散电焊烟尘和有毒气体的送风方法，尤其多见于夏天。这种局部送风方法，只是暂时地将弧焊区的有害物质吹散，仅起到一种稀释作用，却污染了整个车间内的空气，达不到排气的目的，并且使焊工的前胸和腹部受电弧热辐射作用，后背受冷风吹袭，容易患关节炎、腰腿病和感冒等疾病。所以，这种通风方式不宜采用。

2）局部排风

在电焊过程中，常有粉尘或有害气体产生。将有害物直接从产生处抽出，并进行适当的处理（或不处理）排至室外，这种方法称为局部排风。局部排风既能有效地防止有害物对人体的危害，又能大大减小通风量。对于焊接烟尘，局部排风是目前所用的各类防护措施中效果显著、方便灵活、经济适用的一种方法。这种排风系统的结构如图9-1所示，局部排烟罩1用来捕集电焊烟尘和有毒气体，为防止大气污染而设置净化设备3，风机4是促使通风系统中空气流动的动力，还有风管2等。

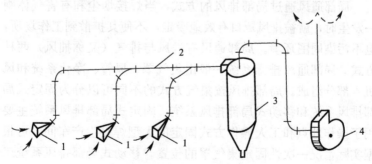

图9-1 局部排风系统示意

1—局部排烟罩；2—风管；3—净化设备；4—风机

局部排风的类型：

根据焊接生产条件的特点不同，目前常用的局部排风装置，按集气方式的不同可以分为固定式局部排风系统和移动式局部排风系统等。

① 固定式局部排风系统。主要用于操作地点和工人操作方式固定的大型焊接生产车间，可根据实际情况一次性固定集气罩的位置。固定式排烟罩有上抽、侧抽和下抽三种。这类排风装置适合于焊接操作地点固定，焊件较小的情况下采用。其中下抽的排风方法焊接操作方便，排风效果也较好。

② 移动式局部排风系统。这类通风装置结构简单轻便，可以根据焊接地点和操作位置的需要随意移动，使用方法灵活，保证控制效果和操作人员方便。在船舱、容器和管道内施焊，以及室内外的作业点，效果均显著。焊接时将排烟罩置于电弧附近，开动风机即能有效地把烟尘和有毒气体吸走。

③ 压力引射式局部通风装置：

在密闭容器内焊接，电焊烟尘不断凝聚，浓度不断升高，有时可达 $800mg/m^3$，严重危害电焊工人的身体健康。密闭容器焊接作业的局部通风是改善作业环境的必要措施。密闭容器一般只有 1～2 个孔口，且孔口面积较小。一些密闭容器内部结构复杂，空间狭小；同时，为了控制焊接烟尘，要求通风设施设置在施焊点附近，并且能够随时移动。这就要求局部通风设施不但要有良好的通风效果，而且要轻便、简单。压力引射式局部通风装置主要由引射器、胶布风筒和磁性固定支座三部分组成。压力引射器（图 9-2）为示意图。其排烟原理是利用压缩空气从主管中高速喷射，造成负压区，从而将电焊烟尘有毒气体

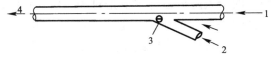

图 9-2　压力引射器

1—压缩空气进口；2—污染气体进口；3—负压区；4—排出口

吸出，经过滤净化后排出室外。它可以应用于容器、锅炉等焊接，将污染气体进口插入容器的孔洞（如人孔、手孔、顶盖孔等）即可，效果良好。

作为密闭容器焊接烟尘净化的有效装置，与烟尘除尘机组相比，压力引射式局部通风装置的优点体现在以下几个方面：

① 安全可靠。

② 体积小，质量轻，便于携带。

③ 控制焊接烟尘扩散的有效范围大，不必频繁地移动通风口。

④ 含尘空气排放到密闭容器外，再利用车间通风设施进一步处理。但它也有一些不足，会产生噪声，需要压缩空气源。

解决电焊烟尘职业危害问题，需采取综合治理措施。电焊烟尘通风治理技术在向成套性、组合性、可移动性、小型化、省资源方向发展。应大力倡导以局部通风为主，全面通风为辅的原则。由于局部通风存在许多优点，所以，大量地采用局部通风方式收集电焊烟尘；但是，对于焊接密度比较大的车间，把全面通风作为一种辅助手段也是很有必要的，它可以大大改进车间的总体环境，在这一点上，国内外的观点是一致的。

2. 个人防护

个人防护是指在焊接过程中为防止自身危险而采取的防护措施。焊接作业职业病危害的防护措施除了作业场所通风设施的防护，个人防护用品也是保护工人健康的重要防护手段。

作为保护工人健康的最后一道防线，加强个人防护，可以防止焊接时产生的有毒气体和粉尘的危害。

焊接作业的个人防护措施主要是对头、面、眼睛、耳、呼吸道、手、身躯等方面的防护，主要有防尘、防毒、防噪声、防高温辐射、防放射性、防机械外伤和脏污等。焊接作业除穿戴一般防护用品（如工作服、手套、眼镜、口罩等）外，针对特殊作业场合，还可以佩戴空气呼吸器（用于密闭容器和不易解决通风的特殊作业场所的焊接作业），防止烟尘危害。

（1）电焊面罩

电焊面罩是保护电焊工面部和眼睛免受弧光损伤的防护用品，同时还能防止焊工被飞溅的金属烫伤，以及减轻烟尘和有害气体等对呼吸器官的损害。电焊面罩材料必须使用耐高低温、耐腐蚀、耐潮湿、阻燃，并具有一定强度和不透光的非导电材料制作；常用红钢纸板制作外，有的还用阻燃塑料等其他材料制作。

焊接面罩由观察窗、滤光片、保护片和面罩等组成。按常用的规格及用途分手持式、头戴式、安全帽式电焊面罩、送风防护面罩等，根据工作需要选用。

1）手持式焊接面罩　面罩材料有化学钢纸（常用红色钢纸）或塑料注塑成型。产品多用于一般短暂电焊、气焊作业场所。

2）头戴式电焊面罩　按材料不同，又有头戴式钢纸电焊面罩和头戴式全塑电焊面罩。头戴式电焊面罩与手持式焊接面罩基本相同，头戴由头围带和弓状带组成，面罩与头戴用螺栓连接，可以上下掀翻，不用时可以将面罩向上掀至额部，用时则掀下遮住眼面。这类产品适用于电焊、气焊操作时间较长的岗位，还适用于各类电弧焊或登高焊接作业，重量不应超过560g。

3）安全帽式电焊面罩　这种产品是将电焊面罩与安全帽用螺栓连接，可以灵活地上下掀翻。适用于电焊，既可防护弧光的伤害，又能防作业环境的坠落物体打击头部。面罩和头盔的壳体应选用难燃或不燃的，且不刺激皮肤的绝缘材料制作，罩体应遮住脸面和耳部，结构牢靠，无漏光。

4）送风防护面罩　在一般电焊头盔的里面，于呼吸带部位固定一个送风带。送风带由轻金属或有机玻璃板制成，其上均匀密布着送风小孔，新鲜的压缩空气经净化处理后，由输气管送进送风带，经小孔喷出。送风式电焊面罩用于各种特殊环境的焊接作业和熔炼作业。若在通风条件差的封闭容器内工作，需要佩戴使用有送风性能的防护头盔。

（2）焊接用的眼防护具

焊接用的眼防护具主要用于防止焊接弧光中紫外线、红外线和强光对眼的伤害，保护焊工眼睛免受弧光灼伤和防止电光性眼炎以及熔渣溅入眼内的防护镜。焊接用的眼防护具结构表面必须光滑、无毛刺、无锐角、没有可能引起眼面部不适应感的其他缺陷；可调部件应灵活可靠，结构零件应易于更换；还应具有良好的透气性。

1）焊接用眼防护具常用的种类

① 焊接护目镜。焊接护目镜由镜架、滤光片和保护片组成。滤光片内含铜、硫化镉等微量金属氧化物，紫外线透射率很低，适用于电弧焊接、切割、氩弧焊接作业。

护目镜从结构上分为普通型（可带有侧向防护罩）和前封式（可装在一般眼镜架上或安全帽前沿上）。镜片分为吸收式（在玻璃熔制过程中加人吸收紫外线的原料）和吸收-反射式（以普通镜片作为基片，再进行真空镀膜处理），前者较经济，后者在使用中不易发热。为防护电弧光侧漏进入眼部，有的在眼架两侧装上防护罩，有的在防护罩上开透气孔。

② 面罩护目镜。由滤光片和保护滤光片的无色玻璃片（或塑料片）组成，安装在面罩上，焊接时直接使用镶有护目镜的面罩，广泛应用于各种焊接作业。面罩上的护目镜片应满足下列要求：

A. 能全面隔离电焊弧光中对眼睛有害的紫外线、可见光线和红外线，并能阻挡热射线。同时要保证光线的平行度，即要求镜片折射率要小。若折射率超过正常视力的容许范围也会损伤眼睛。

B. 使用面罩护目镜作业时，累计最少 8h 更换 1 次新的保护片，以保护操作者的视力。防护眼镜的滤光片受到飞溅物损伤出现疵点时，要及时更换。

C. 高反射式护目镜。由于焊接工艺的不断发展，某些新的焊接方法弧柱温度很高，随之对焊接护目镜也提出更高的防护要求。

目前，国内普通使用的吸收式护目镜，由于光的辐射能量经护目镜吸收后，又转变为不同形式的能量，对眼睛形成二次辐射，光源温度越高，辐射越严重。若仍使用国内普遍使用吸收式护目镜已不能有效地保护眼睛，此时，必须使用高反射式护目镜。

高反射式护目镜的优点：由于在吸收式护目镜上镀制铬、铜、铬三层反射膜，能更有效地反射紫外线、可见光和红外线，反射率达95％以上，大大减弱了二次辐射的作用，能更好地保护眼睛。

D. 自动调光护目镜。近年来，国内外研制的能自动调光的焊工护目镜，无电弧时能充分透光，有电弧时能很好遮光，不需要像现在把护目镜拿上拿下。这类护目镜目前有采用调节转动含铝锆钛酸盐做的镜片内偏振光偏振角的偏振光调节透光护目镜；还有采用液晶光阀的液晶变光焊接护目镜。

2）焊接滤光片的产品标准与种类

现行国家标准《焊接眼面防护具》GB/T 3609.1—2008，对焊接滤光片的"紫外线透射比"、"可见光透视比"、"红外线透视比"都有具体和明确的规定，对滤光片的屈光度偏差和平行度也有明确规定，全部性能都符合《焊接眼面防护具》GB/T 3609.1—2008规定的焊接滤光片才可使用。目前使用的护目滤光片有三种：

① 吸收式滤光片。通称黑玻璃片。

② 吸收-反射式滤光片。这是在吸收式滤光片表面上镀制高反射膜，对强光具有吸收和反射的双重作用，尤其对红外线反射效果好，有利于消除眼睛发热和疼痛。

③ 光电式镜片。这是利用光电转换原理制成的新型护目滤光片。起弧前是透明的，起弧后迅速变黑起滤光作用，因此，可观察焊接操作全过程，消除电弧"打眼"，消除了盲目引弧带

来的焊接缺陷。产品型号和名称为"SW-I型快速自动变色电焊监视镜"，其启动（变黑）响应时间小于0.02s。

3）焊接滤光片的选择

① 焊接滤光片按照焊接电流的强度不同来选用不同型号的滤光镜片。同时，也要考虑焊工视力情况和焊接作业环境的亮度。

正确选择滤光片可参见表9-6。

焊接滤光片推荐使用的遮光号　　　　　　表9-6

遮光号	电弧焊接与切割	气焊与气割
1.2	—	—
1.4 1.7 2	防侧光与杂散光	—
2.5 3 4	辅助工种	—
5 6	30A以下电弧焊作业	—
7 8	30～75A电弧焊作业	工件厚度3.2～12.7mm
9 10	75～200A电弧焊作业	工件厚度为12.7mm以上
11 12 13	200～400A电弧焊作业	等离子喷涂
14	500A电弧焊作业	等离子喷涂
15 16	500A以上气体保护焊	—

② 选择时还要考虑工作环境和习惯的不同以及年龄上的差异，当焊接电流同样大时，青年人应选用号数大的滤色片，老年人则反之。按可见光透过率的不同，将焊接滤色片分为不同

的号数，颜色越深号数越大。

③ 不同的焊接方法选用不同的滤色片。手工电弧焊电弧温度可达 6000℃，由于发热量大，且空气中有强烈的放电弧光产生，弧光中含有一定强度的红外线、可见光和紫外线。而等离子弧焊温度高达 30000℃，发热量更大，因此，等离子弧焊、等离子切割时的紫外线辐射强度比焊条电弧焊大 30~50 倍。氩弧焊的紫外线强度也比焊条电弧焊大 9~30 倍。故在电流大小相同的情况下，选用的滤色片比焊条电弧焊大一号。焊条电弧焊要根据作业时接触弧光强度选用相应遮光号的滤光片，同时，作业中保护片一般只使用 8h。

④ 必须注意市售的一些劣质焊接滤光片（黑玻璃）只能防护可见光与紫外线，而防护红外线的作用差，将损伤视力，因此，不能采用劣质焊接滤光片。

总之，选择护目镜片应综合上述各种因素来确定。选用适宜的护目镜的自我测定标准应以一天工作结束后，眼睛不感觉干涩、难受为原则。焊工应养成根据电流大小的不同，随时更换不同号数护目镜的习惯，才可防止自我视力减退和患早期老花眼等慢性眼病。

（3）防护屏

电焊、切割工作场所，为防止弧光辐射、焊渣飞溅，影响周围视线，应设置弧光防护室或防护屏，以确保电弧光不对附近人员造成伤害。在多人作业或交叉作业场所从事电焊作业，要采取保护措施，设防护遮板，以防止电弧光刺伤焊工及其他作业人员的眼睛。防护屏应选用不燃材料制成，其表面应涂上黑色或深灰色油漆，临近施焊处应采用耐火材料（如石棉板、玻璃纤维布、铁板），高度不应低于 1.8m，下部应留有 25cm 流通空气的空隙（图 9-3）。

（4）呼吸防护用品

焊工在施焊时仅使用电焊面罩是远远不够的，还应戴上呼吸防护用品，以防止焊接烟尘和粉尘的侵害。按供气原理和供气方式的不同，呼吸防护用品主要分为自吸式、自给式和动力送风式三类。一般情况下，电焊工通常使用的呼吸防护用品为自吸式的过滤防尘口罩和动力送风式防尘口罩，必要时需使用自给供气式防毒面具等，如在密闭缺氧环境中，空气中混有高浓度毒物以及在应急抢修设备情况下。空气过滤式口罩简称过滤式的口罩，其工作原理是使含有害物的空气通过口罩的滤料过滤净化后再被人吸入；供气式口罩是指将与有害物隔离的干净气源，通过动力作用如空压机、压缩气瓶装置等，经管道及面罩送到人的面部供人呼吸。

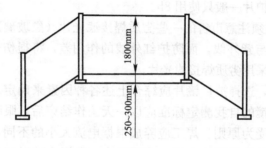

图 9-3 电焊防护屏

1）防尘口罩

防尘口罩的主要防阻对象是颗粒物，包括粉尘（焊接粉尘）、雾（液态的）、烟（焊接烟尘）和微生物，也称气溶胶。

不同的防尘口罩使用的过滤材料不同，焊接烟尘为不含油的颗粒物，因此应选择适合过滤非油性颗粒物的防尘口罩。同时，由于焊接烟尘颗粒比普通粉尘（如矿尘、水泥尘等）粒度小，焊接用的防尘口罩效率应经过 0.3Pm 气溶胶检测。焊接作业时通常有火花迸射，局部温度也比较高，口罩表面材料应具有阻燃性能。

另外，要强调说明的是：防尘口罩不能用于防毒，未配防尘过滤元件的防毒面具不能用于防尘；当颗粒物有挥发性时，如焊接工作环境中有喷漆产生漆雾，必须选防尘防毒组合防护。

在化工区作业时，也需佩戴防毒口罩，以防止腐蚀介质挥发物损害焊工的呼吸器官。

① 过滤式的防尘口罩。过滤式的防尘口罩是日常工作中使用最广泛的一大类，主要是以纱布、无纺布、超细纤维材料等为核心过滤材料的过滤式呼吸护用品，用于滤除空气中的颗粒状有毒、有害粉尘，但对于有毒、有害气体和蒸气无防护作用。空气过滤口罩只适用于环境中氧气浓度大于 18％时，环境温度为－20～45℃，否则要用供气式口罩。过滤式的防尘口罩包括多种类型，如半面型，即只把呼吸器官（口和鼻）盖住的口罩；全面型，即口罩可把整个面部包括眼睛都盖住的。

半面具防尘口罩，适合的焊接烟尘浓度范围是职业卫生标准的 10 倍，滤棉可更换，长期使用能降低使用成本；全面具适合焊接烟尘浓度低于 100 倍职业卫生标准的环境。

② 电动送风型口罩。电动送风型口罩（即通过电池和微型电动机驱动送风）将含有害物质的空气抽入滤材过滤后供人呼吸。如果烟尘浓度更高，就应选择防护等级更高的设计，如电动送风型适合烟尘浓度低于 1000 倍职业卫生标准的环境。

在作业强度大、环境温度高的环境使用自吸过滤式呼吸面具（半面具或全面具），工人可能有憋闷的感觉，这时电动送风式就能解决这个问题。电动送风口罩优点是能把口鼻全部罩起，密闭性较好，焊接时可充分吸入清洁空气，四周的烟尘和有毒气体不易被吸入，尤其是在工作地点狭小，焊接烟尘浓度高而四周充满烟雾（如船舱、锅炉）时，防护效果更为显著。另外，口罩容积较小，输入气体的压力和流量不必很大。送风口罩的设计要求具有较好的密封性、柔软性和舒适感。

③ 分子筛除臭氧口罩。焊接作业现场除了电焊烟尘，还会产生一些其他的有害气体，最常见的是臭氧。分子筛除臭氧口罩采用直径 3～4mm 分子球型筛作为过滤材料，除臭氧效率可达 99％～100％。

2）供气式呼吸器

过滤式的防尘口罩的使用要受环境的限制，当环境中存在着过滤材料不能滤除的有害物质，或氧气含量低于18%，或有毒有害物质浓度较高（>1%）时均不能使用。若在有害物性质不明时，要考虑最坏情况，这种环境下应采用供气式或隔绝式呼吸防护用品。隔绝式呼吸防护用品特点是以压缩气体钢瓶为气源，使用时不受外界环境中毒物种类、浓度的限制，使用人员的呼吸器官、眼睛和面部与外界受污染空气隔绝，保障人员正常呼吸和呼吸防护。

另外，有些作业环境只单独存在一些气体异味，浓度虽没有达到有害健康的水平（没有超标），但使人感觉不舒适，一种带活性炭层的防尘口罩就很适用，不仅适合于焊接产生焊烟和臭氧的环境，也很轻便和能有效排除异味。

（5）焊工防护服

焊接防护服是以织物、皮革或通过贴膜或喷涂制成的织物面料，采用缝制工艺制作的服装，防御焊接时的熔融金属、火花和高温灼烧人体。焊接防护服款式分为上、下身分离式和衣裤连体式。还可配用围裙、套袖、披肩和鞋盖等附件。一般防护服可采用棉织帆布制作，若能进行化学阻燃处理，提高布料的阻燃性能最为理想。焊工工作服应符合下列要求：

1）焊工工作服应根据焊接与切割工作的特点选用，不能用一般合成纤维物做成，焊接、切割工作服推荐选用有阻燃作用的白色棉帆布工作服。

2）高温作业时应穿石棉或其替代品耐火衣。在潮湿闷热处作业时，应穿防止导电的隔离身体的焊接防护服。

3）氩弧焊、等离子弧焊由于产生的臭氧和强烈的紫外线作用，容易使棉布劳动保护服碎裂、脆化，因此，需穿着白色粗毛呢、柞蚕丝、皮革等原料制作的劳动保护服。

4）焊工工作服上衣要有领子和领扣，以保护脖子不受弧光的辐射。为防止焊工皮肤受电弧的伤害，工作服袖口应扎紧，扣好领口，皮肤不外露。

5）经常保持工作服的清洁，发现有破损应及时缝补或更换。

6）焊工穿用的工作服不应潮湿，工作服的口袋应有袋盖，上身应遮住腰部，裤长应罩住鞋面。工作服上不应有破损、孔洞和缝隙，不允许粘有油脂。

7）仰焊、切割过程中，为防止火星、熔渣从高处溅落到头部和肩上，焊工应在颈部围毛巾、穿着用防燃材料制成的护肩、长袖套、围裙和鞋盖等。

8）登高作业时，应扎紧裤脚，将鞋带塞入鞋内，以防绊倒。

9）接触钍钨棒后，应以流动水和肥皂洗手，并注意经常清洗工作服及手套等。

（6）焊工手套

焊工手套是防御焊接时的高温、熔融金属和火花烧灼手的个人防护用具。焊工手套产品的技术性能应符合劳动保护安全行业标准《焊工手套》AQ 6103—2007 规定。

1）焊工手套应选用耐磨、耐辐射热的皮革或棉帆布和皮革材料制成，其长度不应小于 300mm，要缝制结实。

2）焊工不应戴破损和潮湿的手套。

3）在可能导电的焊接场所工作时，所用的手套应该用具有绝缘性能的材料（或附加绝缘层）制成，并经耐压 5000V 试验合格后，方能使用。

4）用大电流焊接时，需用厚皮革，用小电流焊接可用软薄皮革。手套的长度尺寸不得小于 300mm，除皮革部分外，还要求其他部分的材质也应具有绝缘、耐辐射、不易燃的性能。在有腐蚀介质的现场焊接切割时，要尽可能戴橡皮手套。

5）在高温环境下焊接时，可戴耐热、阻燃材料或石棉布或其替代品制作的手套。

（7）听力保护用品

焊接车间的噪声主要是等离子喷涂与切割过程中产生的空

气动力噪声。它的大小取决于气体流量、气体性质、场地情况及焊接喷嘴的口径。这类噪声大多数都在 100dB 以上。长时间处于噪声环境下工作的人员应戴上护耳器，以减小噪声对人的危害程度。护耳器有隔音耳罩或隔音耳塞等。我国现行的职业卫生标准规定了工作场所噪声的职业接触限值，要求在噪声未达限值前就要发给工人听力保护用品，以保障工人的健康。

1）应具备的特点

一个好的听力防护用品，不论是耳塞还是耳罩都应具备以下一些特点：

① 与耳部的密合要好；

② 能有效地过滤噪声；

③ 佩戴时感觉舒适；

④ 使用起来简便；

⑤ 与其他防护用品，如安全帽、口罩、头盔等能良好地配合使用。

选用耳塞、耳罩应考虑作业环境中噪声强度与性质，如稳态、低频噪声用耳塞即可；如噪声过强，即使低频也需并用耳塞、耳罩，且要求用比需要防护的分贝数高 1 倍的耳塞，比需要防护的分贝数高 30％的耳罩。在作业环境噪声级超过 125dB 时，应同时使用耳塞和防噪耳罩。

2）常用种类

听力保护用品最常见的有耳塞和耳罩和防噪声头盔三大类。

① 耳塞　耳塞是插入外耳道内，或置于外耳道口处的护耳器。其产品质量应符合相应产品国家标准或国际标准的质量要求。耳塞一般用于防护不超过 100dB 噪声的作业场所。

耳塞的使用要求：

A. 各种耳塞在使用时，要先将耳廓向上提拉，使耳甲腔呈平直状态，然后手持耳塞柄，将耳塞帽体部分轻轻推向外耳道内，并尽可能地使耳塞体与耳甲腔相贴合；但不要用劲过猛、过急或插得太深，以自我感觉适度为止。

B. 戴后感到隔声不良时，可将耳塞稍微缓慢转动，调整到效果最佳位置为止。如果经反复调整仍然效果不佳时，应考虑改用其他型号、规格的耳塞试用，以选择最佳者定型使用。

C. 佩戴泡沫塑料耳塞时，应将圆柱体搓成锥形体后再塞入耳道，让塞体自行回弹、充满耳道。

D. 佩戴硅橡胶自行成型的耳塞，应分清左右塞，不能弄错；放入耳道时，要将耳塞转动放正位置，使之紧贴耳甲腔内。

② 耳罩　耳罩由压紧每个耳廓或围住耳廓四周而紧贴在头上遮住耳道的壳体所组成的一种护耳器。覆盖双耳，隔离噪声，减少骨导。耳罩壳体可用专门的头环、颈环或借助于安全帽或其他设备上附着的器件而紧贴在头部。头环是用来连接两个耳罩壳体，具备一定夹紧力的佩戴器具；耳罩壳体是用来压紧每个耳廓或围住耳廓四周而遮住耳道的具有一定强度和声音衰减作用的罩壳；耳垫是覆在耳罩壳体边缘上和人头接触的环状软垫。

耳罩类产品也向多样性发展，有的可以直接与安全帽配合使用；有的可防振，有的可折叠等。一般用于噪声级达到100～125dB 时的环境。

耳罩的使用要求：

A. 使用耳罩时，应先检查罩壳有无裂纹和漏气现象，佩戴时应注意罩壳的方向，顺着耳廓的形状戴好。

B. 将连接弓架放在头顶适当位置，尽量使耳罩软垫圈与周围皮肤相互密合。如不合适时，应移动耳罩或弓架，调整到合适位置为止。

C. 无论戴用耳罩还是耳塞，均应在进入有噪声车间前戴好，在噪声区不得随意摘下，以免伤害耳膜。如确需摘下；应在休息时或离开后，到安静处取出耳塞或摘下耳罩。

D. 耳塞或耳罩软垫用后需用肥皂、清水清洗干净，晾干后再收藏备用。橡胶制品应防热变形，同时撒上滑石粉储存。

③ 防噪声帽盔　防噪声帽盔能覆盖全头，有软式与硬式两

种。用于噪声级达到 130～140dB 的场所，并对头部有保护作用。

只要护耳器符合相关安全标准，使用者应尽量选择适合自己的护耳器，这样才能保证最大限度的保护效果。

（8）焊工防护鞋

焊工防护鞋应具有绝缘、抗热、不易燃、耐磨损和防滑的性能，主要适用于气割、气焊、电焊及其他焊接作业使用。焊接防护鞋应按《焊接防护鞋》 LD 4—1991 标准进行生产。

焊工防护鞋可分为普通型（不要求耐热温度）、低耐热型（要求耐热温度为 150℃±5℃）和高耐热型（250℃±5℃）。

电焊工穿用防护鞋的橡胶鞋底，应经耐压 5000V 的试验合格。如在易燃易爆场合焊接时，鞋底不应有鞋钉，以免产生摩擦火星。在有积水的地面焊接切割时，焊工应穿用经过耐压 6000V，试验合格的防水橡胶鞋。

（9）安全带与安全帽

焊工在高处作业，应备有梯子、带有栏杆的工作平台、标准安全带、安全绳、工具袋及完好的工具和防护用品。焊工登高或在可能发生坠落的 2m 以上的场所进行焊接、切割作业时所用的安全带，应符合《安全带》GB 6095—2009 的要求。安全带上安全绳的挂钩应挂牢。焊工用的安全帽应符合《安全帽》GB 2811—2007 的要求。

（10）其他

焊工所用的工具袋、桶应完好无孔洞；常用的手锤、渣铲、钢丝刷等工具应连接牢固；所用的移动式照明灯具的电源线，应采用 YQ 或 YQW 型橡胶套绝缘电缆，导线完好无破损，灯具开关无漏电，灯具的灯泡应有金属网罩防护，电压应根据现场情况确定使用 36V 或用 12V 的安全电压。

3. 改进焊接材料和技术革新

焊接烟尘的产生，基本上取决于焊接材料和生产工艺。

（1）改进焊条材料，选择无毒或低毒的电焊条

焊接烟尘是在焊接过程中产生的高温蒸气经氧化后冷凝而产生的，主要来自焊条或焊丝端部的液态金属及熔渣。焊接材料的发尘量占焊接烟尘总量的80%～90%，只有部分来自母材。焊接材料对焊接烟尘的作用主要体现在以下两个方面：

① 焊接材料是焊接烟尘产生的来源，焊接材料的成分直接影响焊接烟尘发尘量的多少和焊接烟尘的化学成分。

② 焊接材料影响焊接电弧物理特性，通过改变熔滴过渡方式，控制焊接过程中产生的金属蒸气进入大气的含量。在保证产品技术条件的前提下，合理地设计与改革施焊材料、尽量采用无毒或毒性小的焊接材料代替毒性大的焊接材料，是一项重要的卫生防护措施。

（2）改革生产工艺

改革生产工艺使焊接操作实现机械化、自动化，不仅能降低劳动强度，提高劳动生产率，并且可以大大减少焊工接触生产性毒物的机会，改善作业环境的劳动卫生条件，使之符合卫生要求。这也是消除焊接职业危害的根本措施。例如，合理地设计焊接容器结构，可减少以至完全不用容器内部的焊缝，尽可能采用单面焊双面成型的新工艺。这样可以减少或避免在容器内施焊的机会，使操作者减轻受危害的程度。再如，采用埋弧自动电弧焊（埋弧焊）代替焊条电弧焊，就可以消除强烈的弧光、降低有毒气体和烟尘的排放。

（3）焊接机器人

焊接技术进步的突出的表现就是焊接过程由机械化向自动化、智能化和信息化发展。智能焊接机器人的应用，是焊接过程高度自动化的重要标志。焊接机器人就是在焊接生产领域代替焊工从事焊接任务的工业机器人，广泛应用于汽车、工程机械、通用机械、金属结构和兵器工业等行业。由工业机械手到焊接机器人是实现焊接过程全部自动化的一个质的飞跃。随着计算机控制技术、人工智能技术以及网络控制技术的发展，焊接机器人也由单一的单机示教再现型向以智能化为核心的多传感、智能化的柔性加工单元（系统）方向发展。在现代工业生产中，已经采用了相当数量的焊接机器人，其中用得最多的是点焊、电弧焊、切割及热喷涂。随着科技的发展，工业机械手、焊接机器人将从根本上消除焊接有毒气体和粉尘等对焊工的直接危害。

十、钢结构焊工

（一）钢结构焊接规范

1. 钢结构焊接规范内容概要

《钢结构焊接规范》GB 50661—2011 是钢结构焊接技术的通用标准，提出了钢结构焊接设计、制作、材料、工艺、质量控制、焊工考试等的基本要求，并作为制订与修订相关专用标准的依据。本规范在控制钢结构焊接质量的同时，为贯彻执行国家技术经济政策，反映建筑领域可持续发展理念，加强了节能、节材与环境保护等要求。本规范积极采用了焊接新技术、新工艺、新材料。

例如：现行国家标准《气焊、手工电弧焊及气体保护焊焊缝坡口基本形式与尺寸》GB 985.1—2008 和《埋弧焊焊缝坡口的基本形式和尺寸》GB/T 985.2—2008 适用于机械行业中的焊接加工，对建筑钢结构制作的焊接施工则不太适合，尤其不适合于建筑钢结构工地安装中各种钢材厚度和焊接位置的需要。目前大型、大跨度、超高层建筑钢结构均由国内进行施工图设计，在本规范中，将坡口形状和尺寸的规定与国际先进国家标准接轨是十分必要的。

本规范的主要内容有：总则，术语符号，基本规定，材料，焊接连接构造设计，焊接工艺评定，焊接工艺，焊接质量控制，焊接补强与加固，焊工考试，附录。以下简称《规范》。

2. 钢结构焊工理论知识考试范围

现将《规范》中与钢结构焊工考试相关内容节录如下（按

《规范》原序号）：

10 焊工考试

10.1 一般规定

10.1.1 凡从事钢结构制作和安装施工的焊工和机械操作工，均应按照本规范进行理论知识考试和操作技能考试，评定合格者，方可从事与评定资格相符的焊接操作。

10.1.2 操作技能考试包括熔化焊手工操作技能基本考试、附加考试、定位焊考试和机械操作技能考试；取得熔化焊手工操作技能基本考试和附加考试资格的焊工，均应认定为具备相应条件下的定位焊操作资格。

10.1.3 进行资格考试的焊工应根据已经评定合格的焊接工艺参数进行焊接。

10.1.4 焊工资格考试的焊接工艺方法分类宜符合下列规定：

1. 手工操作技能

手工电弧焊；熔化极气体保护焊（包括实心焊丝及药芯焊丝）；药芯焊丝自保护焊；非熔化极气体保护焊。

2. 机械操作技能

埋弧焊；熔化极气体保护焊；电渣焊（包括丝极、板极和熔嘴电渣焊）；气电立焊；栓钉焊。

10.1.5 焊工考试应由施工企业的焊工技术考试委员会组织和管理。（以下内容略）

10.1.6 焊工应经理论知识考试合格后方可参加操作技能考试。

10.1.7 除另有要求外，考试用试板在焊前、焊后均不得进行包括热处理、锤击、预热、后热在内的任何处理。试板坡口应光洁平整并清除其表面的水、油污、锈蚀等。

10.1.8 焊前试板应打上焊工代码钢印和考试项目标识。水平固定或45°固定的管子试件，应在试件上标注焊接位置的钟点标记。定位焊缝不得在"6点"标记处；焊工在进行管材向下焊试件操作技能考试时，应严格按照钟点标记固定试件位置，且只能从"12点"标记处起弧，"6点"标记处收弧，其他操作应符合本条相关要求。

10.1.9　考试焊工应独立进行各项操作。焊接开始后不得随意更换试板，不得改变焊接方向和焊接位置。

10.1.10　考试用的焊条、焊剂应按规定烘干，随用随取。焊丝必须清除油污、锈蚀等污物。采用手工电弧焊进行定位焊时应使用直径为3.2mm的焊条，其他考试项目焊接材料的规格应符合工艺评定的要求。

10.1.11　单面坡口或双面坡口且要求全焊透的焊缝，可清根和清根后打磨。

10.1.12　考试过程中，不得对道间和表面焊缝进行打磨或修补，但焊后应将焊渣、飞溅等清除干净。

10.1.13　手工操作技能考试的所有试件，第一层焊缝中至少应有一个停弧再焊，并标明断弧位置，作为无损检测的重点；机械操作工考试时，中间不得停弧。

10.1.14　采用不带衬垫试件进行焊接操作技能考试时，必须从单面焊接。

10.1.15　焊接技能操作考试前，由焊工考委会负责编制焊工考试代号，并在焊工考委会成员、监考人员与焊工共同在场确认的情况下，在试件上标注焊工考试代号和考试项目代号。

10.2　考试内容及分类

10.2.1　焊工资格考试包括理论知识考试和操作技能考试两部分。

10.2.2　理论知识考试应以焊工必须掌握的基础知识及安全知识为主要内容，并应按申报焊接方法、类别对应出题，内容范围应符合下列规定：

1. 焊接安全知识（《焊接与切割安全》GB 9448—1999）；

2. 焊缝符号识别能力（《焊缝符号表示法》GB 324—2008、《气焊、手工电弧焊及气体保护焊焊缝坡口的基本形式和尺寸》

GB 985.1—2008、《埋弧焊焊缝的基本形式和尺寸》GB 985.2—2008）；

3. 焊缝外形尺寸要求（《钢结构焊缝外形尺寸》JB/T 7949）；

4. 焊接方法表示代号（《金属焊接及钎焊方法在图样上的表示代号》GB 5185—2005）；

5. 申报考试焊接方法的特点；焊接工艺参数、操作方法、焊接顺序及其对焊接质量的影响；

6. 焊接质量保证、缺欠分级（《焊接质量保证 钢熔化焊接头的要求和缺陷分级》GB/T 12469）；

7. 建筑钢结构的焊接质量要求。应符合有关钢结构施工验收规程、规范的要求；

8. 与报考类别相适应的焊接材料型号、牌号及使用、保管要求（《碳钢焊条》GB/T 5117—2012、《低合金钢焊条》GB/T 5118—2012、《熔化焊用钢丝》GB/T 14957—1994、《气体保护焊用碳钢、低合金钢焊丝》GB/T8110—2008、《碳钢药芯焊丝》GB 10045—2001、《低合金钢药芯焊丝》GB/T 17493—2008、《埋弧焊用碳钢焊丝和焊剂》GB/T 5293—1999、《埋弧焊用低合金钢焊丝和焊剂》GB/T 12470—2003）；

9. 报考类别的钢材型号、牌号标志和主要合金成分、力学性能及焊接性能；

10. 焊接设备、装备名称、类别、使用及维护要求，应符合一般常规型号；

11. 焊接缺欠分类及定义、形成原因及防止措施的一般知识（《金属熔化焊焊缝缺陷分类》GB 6417.1—2005）；

12. 焊接热输入的计算方法及热输入对性能影响的一般关系；

13. 焊接应力、变形产生原因、防止措施及热处理的一般知识。

10.2.3 操作技能考试应以检验焊工的操作技能为原则，

以检验焊工遵循工艺指令能力及完成致密焊缝能力为主。

（二）相关现行行业标准和国家标准

不论是一般的焊工还是钢结构焊工都应了解和执行现行的相关国家标准。本书也依据于现行的行业标准和国家标准。

1. 住建部文件与大纲（附录 A；附录 B）

建办质 ［2008］41 号《关于建筑施工特种作业人员考核工作的实施意见》

建筑焊工（含焊接、切割）安全技术考核大纲（试行）

建筑焊工安全操作技能考核标准（试行）

2. 国家安全监管总局文件与大纲

安监总培训 ［2011］112 号《熔化焊接与热切割作业人员安全技术培训大纲和考核标准》；《压力焊作业人员安全技术培训大纲和考核标准》。

3. 国家标准

《焊接术语》GB/T 3375—1994

《焊接与切割安全》GB 9448—1999

《焊缝符号表示法》GB 324—2008

《气焊、手工电弧焊及气体保护焊焊缝坡口的基本形式和尺寸》GB 985 已更新为《气焊、焊条电弧焊、气体保护焊和高能束焊的推荐坡口》GB/T 985.1—2008

《埋弧焊焊缝的基本形式和尺寸》GB 986 已更新为《埋弧焊的推荐坡口》GB/T 985.2—2008

《金属焊接及钎焊方法在图样上的表示代号》GB 5185 已更新为《焊接及相关工艺方法代号》GB/T 5185—2005

《钢结构焊接规范》GB 50661—2011

《金属熔化焊接头缺陷分类及说明》GB/T6417.1—2005

《焊接质量保证钢熔化焊接头的要求和缺陷分级》GB/T 12469 已作废，替代标准为《钢的弧焊接头缺陷质量分级指南》GB/T 19418—2003

《碳钢焊条》GB/T 5117 更新为《非合金钢及细晶粒钢焊条》GB/T 5117—2012

《低合金钢焊条》GB/T 5118 更新为《热强钢焊条》GB/T 5118—2012

《熔化焊用钢丝》GB/T14957—1994、《气体保护焊用碳钢、低合金钢焊丝》GB/T8110—2008、《碳钢药芯焊丝》GB 10045—2001、《低合金钢药芯焊丝》GB/T 17493—2008、《埋弧焊用碳钢焊丝和焊剂》GB/T 5293—1999、《埋弧焊用低合金钢焊丝和焊剂》GB/T 12470—2003

12 建筑焊工（含焊接、切割）安全技术考核大纲（试行）

12.1 安全技术理论

12.1.1 安全生产基本知识

1. 了解建筑安全生产法律法规和规章制度

2. 熟悉有关特种作业人员的管理制度

3. 掌握特种作业从业人员的权力义务和法律责任

4. 熟悉高处作业安全知识

5. 掌握安全防护用品的使用

6. 了解施工现场安全消防知识

7. 掌握在禁火区的动火管理要求

8. 掌握施工现场急救知识

9. 了解施工现场安全用电基本知识

10. 掌握焊接切割作业职业卫生基本知识

12.1.2 专业基础知识

1. 了解常用焊接设备、切割设备的种类、型号

2. 了解常用焊接设备的构造、工作原理

3. 掌握焊接设备的使用规则

4. 了解焊接电弧的产生条件、电弧构造、温度分布

5. 了解切割设备及工具的使用

6. 了解焊割气体的用途及性能和安全使用

7. 掌握常用焊接材料（焊条、焊剂、焊丝）的分类、牌号

12.1.3 专业技术理论

1. 了解常用的金属材料的分类、性能及用途

2. 了解焊接切割设备维护

3. 掌握焊接切割设备保养方法

4. 掌握焊接材料选用原则

5. 掌握焊接原理及常用的焊接方法

6. 了解常用的焊接工艺知识及焊接应力与变形原理

7. 掌握电弧的极性及应用，防止电弧偏吹的方法

8. 掌握焊接的基本特点及焊接中产生缺陷及如何预防

12.2 安全操作技能

12.2.1 掌握防爆、防毒、防辐射的安全技能

12.2.2 掌握焊接、切割操作中的防火安全技能

12.2.3 掌握焊接、切割作业前的安全检查和安全措施

12.2.4 掌握各种电弧焊接作业的安全操作技能

12.2.5 掌握焊接、切割作业中常用灭火器使用规则

12.2.6 掌握电弧焊接时产生触电事故的原因和预防措施

12.2.7 掌握触电等事故的现场急救技能

附录B 建筑焊工安全操作技能考核标准（试行）

12 建筑焊工安全操作技能考核标准（试行）

12.1 钢筋闪光对焊

12.1.1 考核设备、材料以及防护用具

1. 焊接设备：UN-150以及配套用具（料）

2. 焊接钢筋：HRB335 Φ18、Φ30

3. 防护用具：工作服、工作帽、防护深色眼镜、电焊手套、绝缘鞋

12.1.2 考核方法

1. 根据焊工考试规则要求实施。100 分为满分，70 分合格

2. 考试分口头回答和手工操作两类。

12.1.3　考核时间：60 分钟

12.1.4　考核评分标准

12.2　钢材气割

12.2.1　考核设备和材料及防护用品

钢筋闪光对焊技能考核评分标准　　　　表 12-1

序号	项目	扣分标准	分值
1	焊工安全知识	应能正确回答进入施工现场的安全注意事项，回答错误每处扣 2 分；应能正确回答如何防止火灾爆炸事故，回答错误每处扣 2 分；应能正确回答触电事故的主要原因，回答错误每处扣 2 分；应能正确回答高空作业的注意事项，回答错误每处扣 2 分	20
2	焊接接头质量判别	应能正确回答如何判别焊接接头的力学性能，回答错误扣 3 分；应能正确回答焊接接头的外观质量缺欠，回答错误每处扣 2 分	10
3	工作环境以及安全防护	正确穿戴防护用品，每错误一处扣 1 分；应正确识别接线，包括焊接部件连接以及焊机外壳接地，每错误一处扣 3 分；应能正确识别不得进行焊接操作的电源电压降值，不能识别的扣 3 分	10
4	焊接准备	应能正确选择焊接工艺，不能正确选择的扣 5 分；应能正确判别焊接钢筋的外观要求，不能正确判别的扣 5 分	10
5	焊接过程及成品要求	操作不熟练，扣 10 分；未完全焊合的，扣 15 分；对焊接头弯折大于 4°扣 5 分；接头处无适当镦粗扣 3 分；钢筋横向有裂缝扣 5 分；钢筋接头处有烧伤扣 3 分；接头出轴线位移大于 0.1d，或大于 2mm 扣 3 分	50
合计			100

注：按 JGJ 18—2003 接头处的弯折角不得大于 3°。

1. 气割工具：射吸式割矩（JB/T 6970—1993）

G01-30 割矩切割氧孔径；0.7、0.9、1.1mm。

G01-100 割矩切割氧孔径；1.0、1.3、1.6mm。

G01-300 割矩切割氧孔径；1.8、2.2、2.6、3.0mm。

2. 钢材、气体：钢材：低碳钢 $t=12$mm；气体：氧气，燃气（丙烷、乙炔）

3. 个人防护用品：工作服、冷作鞋、护目镜、工作帽、手套

12.2.2 考核方法

根据建筑焊工技能考试规则要求实施。满分 100 分，70 分及格。

12.2.3 考核时间：60 分钟

12.2.4 考核评分标准

钢材气割作业技能考核评分标准　　　　表 12-2

序号	项目	扣分标准	分值
1	气割一般常识	气割操作中产生回火原因，回答错误每处扣 2 分；高空焊接作业安全注意事项，回答错误每处扣 2 分；氧气瓶、乙炔瓶的使用要求，回答错误每处扣 2 分	20
2	气割操作	气割操作错误，每处扣 2 分	10
3	氧气表直流修复	氧气表直流修复操作错误，每处错误扣 2 分	10
4	回火防止器操作	回火防止器的操作选择错误，每处错误扣 4 分	4
5	气体压力判别	操作时氧气压力未达到 0.2MPa，扣 3 分；操作时丙烷气体压力未达到 0.03MPa，扣 3 分，乙炔气体压力未在 0.001～0.1MPa 之间，扣 3 分	6
6	工具选择	割矩未选用 G01-30，扣 5 分；割嘴未选择 0.7，扣 5 分	10
7	火焰调整	未采用中性火焰，扣 6 分	6
8	割嘴高度	焰心距离钢板 2～3mm，不扣分；小于 2mm 或大于 3mm，扣 4 分	4

序号	项目	扣分标准	分值
9	半径	气割孔径偏差在±1.5mm内，不扣分；±1.5～±2mm之间，扣3分；±2～±3mm，扣5分；大于±3mm，扣8分	8
10	直边	直线度在1以内，不扣分；1～2之间，扣3分；2～3之间，扣5分，大于3，扣8分	8
11	气割面缺	气割面无缺口，不扣分；气割面有缺口，扣6分	6
12	气割面质量	气割面割纹小、均匀，垂直，上边棱角不熔化、后拖量小，不扣分；气割面割纹较小、较均匀，较垂直，上边棱角熔化少、后拖量较大，扣4分；气割面割纹大、不均匀，垂直度差，上边棱角熔化严重、后拖量很大，扣8分	8
		合计	100

12.3 钢材对焊

12.3.1 考核设备、材料及防护用具

1. 焊接设备：直流弧焊机

2. 焊接材料：钢材：Q235 或 Q345 $t\geqslant8mm$，300mm×150mm对接

焊条：Q235 对应 E43 型（E4315）或 Q345 对应 E50 型（E5015）Φ4mm

3. 防护用具：工作服、工作帽、绝缘鞋、面罩、电焊手套

12.3.2 考核方法

1. 根据焊工考试规则要求实施。满分 100 分，70 分及格。

2. 考核用工具：钢丝刷、角向磨光机，扁铲，榔头，敲渣锤

12.3.3 考核时间：60 分钟

12.3.4 考核评分标准

钢材对焊作业技能考核评分标准　　　　表 12-3

序号	项目	扣分标准	分值
1	焊工安全知识	高空焊接作业的安全事项，回答每处错误扣2分；焊工触电事故主要原因，回答每处错误扣2分；焊接时防止火灾、爆炸措施，回答每处错误扣2分	20

序号	项目	扣分标准	分值
2	个人防护	个人防护用具未穿戴扣10分；穿戴不正确，每处错误扣2分	10
3	设备隔离防护	电焊设备未采取隔离防护，扣10分；隔离防护不到位，每处错误扣2分	10
4	焊接接线	焊接设备接地接零操作接线，每处错误扣2分	10
5	焊缝余高	焊缝余高与标准值正偏差在0~2mm之间，不扣分；2~3mm之间，扣2分；3~4mm之间，扣4分；负偏差或正偏差大于4mm，扣6分	6
6	焊缝高度差	焊缝高度差小于1mm，不扣分；1~2mm之间，扣3分；2~3mm之间，扣5分；大于3mm，扣8分	8
7	焊缝宽度差	焊缝宽度差小于1.5mm，不扣分；1.5~2mm之间，扣2分；2~3mm之间，扣4分；大于3mm，扣6分	6
8	咬边	无咬边，不扣分；咬边深度小于0.5mm，每2mm扣1分；咬边深度大于0.5mm，扣6分	6
9	正面成型	成型美观，焊缝均匀、细密、高低宽窄一致，不扣分；成形较好，焊缝均匀、平整，扣3分；成形尚可，焊缝平直，扣5分；焊缝弯曲，高低、宽窄明显，扣8分	8
10	角变形	角变形在0~1之间，不扣分；1~2之间，扣3分；2~3之间，扣5分；大于3，扣6分	6
11	外观缺陷	外观无明显缺陷，不扣分；焊缝正反两面有裂纹、夹渣、气孔、未熔合等缺陷或出现焊件修补、未完成，扣10分	10
合计			100

参 考 文 献

[1] 邢小琳，张晓岩. 焊接施工及安全技术［M］. 北京：中国标准出版社，1996.

[2] 徐孝华，马宏发. 焊工安全与职业病防护实用手册［M］. 北京：中国劳动社会保障出版社，2009.

[3] 王长忠. 熔化焊接与热切割作业［M］. 北京：中国劳动社会保障出版社，2014.

[4] 劳动和社会保障部中国就业培训技术指导中心［M］. 焊工. 北京：中国劳动社会保障出版社，2002.